教育部 财政部职业院校教师素质提高计划
职教师资培养资源开发项目
《机械工程》专业职教师资培养资源开发（VTNE006）
机械工程专业职教师资培养系列教材

机械工程专业教学法

主　编　王士军　石学军

副主编　张东焕　侯荣国

U0249598

科学出版社

北　京

内 容 简 介

本书是教育部、财政部中等职业学校教师素质提高计划中《机械工程》专业职教师资本科培养资源开发项目（VTNE006）成果之一。本书紧紧围绕中等职业教育的特点、目标、要求、模式、方法和环节，针对机械工程专业岗位需求与教学需要设计教学内容和教学方法，强调理论课程、实践课程、综合实训课程的有机结合，突出专业教学法，并对专业课程中典型教学法案例进行剖析，强化技能培养，贯彻行动导向的教学理念，强调基于工作过程的做、学、教一体化的教学思想。全书分两大部分，第一部分主要进行机械工程专业教学特点分析，在广泛调研的基础上，分析机械工程行业企业和职业特点，确定机械工程专业覆盖的职业岗位，典型的工作任务和能力目标；分析机械工程的专业特点和专业现状；分析中等职业学校学生的特点；分析机械工程专业的专业课程内容和特点；最后进行专业教学媒体和环境创设的分析。第二部分重点介绍行动导向教学法及其应用，并运用项目教学法、引导文教学法、实验教学法、模拟教学法、任务驱动教学法和案例教学法进行解读与案例开发。

本书主要作为机械工程专业职教师资本科培养的课程教材，也可作为从事中等职业学校机械工程类课程教学的专业教师的教学参考书。

图书在版编目（CIP）数据

机械工程专业教学法/王士军，石学军主编. —北京：科学出版社，2017.9
机械工程专业职教师资培养系列教材
ISBN 978-7-03-054549-7

Ⅰ.①机… Ⅱ.①王…②石… Ⅲ.①机械工程-教学法-中等专业学校-师资培养-教材 Ⅳ.①TH-41

中国版本图书馆 CIP 数据核字（2017）第 228996 号

责任编辑：邓　静　张丽花 / 责任校对：郭瑞芝
责任印制：张　伟 / 封面设计：迷底书装

科 学 出 版 社 出版
北京东黄城根北街 16 号
邮政编码：100717
http://www.sciencep.com
北京厚诚则铭印刷科技有限公司 印刷
科学出版社发行　各地新华书店经销
*
2017 年 9 月第 一 版　　开本：787×1092　1/16
2023 年 1 月第三次印刷　　印张：10 1/4
字数：262 000
定价：69.00 元

教育部 财政部职业院校教师素质提高计划成果系列丛书

机械工程专业职教师资培养系列教材

项目牵头单位：山东理工大学

项目负责人：王士军

项目专家指导委员会

主　　任：刘来泉

副主任：王宪成　郭春鸣

成　　员：(按姓氏笔画排列)

刁哲军	王继平	王乐夫	邓泽民	石伟平	卢双盈
汤生玲	米　靖	刘正安	刘君义	孟庆国	沈　希
李仲阳	李栋学	李梦卿	吴全全	张元利	张建荣
周泽扬	姜大源	郭杰忠	夏金星	徐　流	徐　朔
曹　晔	崔世钢	韩亚兰			

丛 书 序

《国家中长期教育改革和发展规划纲要（2010—2020年）》颁布实施以来，我国职业教育进入到加快构建现代职业教育体系、全面提高技能型人才培养质量的新阶段。加快发展现代职业教育，实现职业教育改革发展新跨越，对职业学校"双师型"教师队伍建设提出了更高的要求。为此，教育部明确提出，要以推动教师专业化为引领，以加强"双师型"教师队伍建设为重点，以创新制度和机制为动力，以完善培养培训体系为保障，以实施素质提高计划为抓手，统筹规划，突出重点，改革创新，狠抓落实，切实提升职业院校教师队伍整体素质和建设水平，加快建成一支师德高尚、素质优良、技艺精湛、结构合理、专兼结合的高素质专业化的"双师型"教师队伍，为建设具有中国特色、世界水平的现代职业教育体系提供强有力的师资保障。

目前，我国共有60余所高校正在开展职教师资培养，但教师培养标准的缺失和培养课程资源的匮乏，制约了"双师型"教师培养质量的提高。为完善教师培养标准和课程体系，教育部、财政部在"职业院校教师素质提高计划"框架内专门设置了职教师资培养资源开发项目，中央财政划拨1.5亿元，系统开发用于本科专业职教师资培养标准、培养方案、核心课程和特色教材等系列资源。其中，包括88个专业项目、12个资格考试制度开发等公共项目。该项目由42家开设职业技术师范专业的高等学校牵头，组织近千家科研院所、职业学校、行业企业共同研发，一大批专家学者、优秀校长、一线教师、企业工程技术人员参与其中。

经过三年的努力，培养资源开发项目取得了丰硕成果。一是开发了中等职业学校88个专业（类）职教师资本科培养资源项目，内容包括专业教师标准、专业教师培养标准、评价方案，以及一系列专业课程大纲、主干课程教材及数字化资源；二是取得了6项公共基础研究成果，内容包括职教师资培养模式、国际职教师资培养、教育理论课程、质量保障体系、教学资源中心建设和学习平台开发等；三是完成了18个专业大类职教师资资格标准及认证考试标准开发。上述成果，共计800多本正式出版物。总体来说，培养资源开发项目实现了高效益：形成了一大批资源，填补了相关标准和资源的空白；凝聚了一支研发队伍，强化了教师培养的"校—企—校"协同；引领了一批高校的教学改革，带动了"双师型"教师的专业化培养。职教师资培养资源开发项目是支撑专业化培养的一项系统化、基础性工程，是加强职教师资培养培训一体化建设的关键环节，也是对职教师资培养培训基地教师专业化培养实践、教师教育研究能力的系统检阅。

自2013年项目立项开题以来，各项目承担单位、项目负责人及全体开发人员做了大量深入细致的工作，结合职教教师培养实践，研发出很多填补空白、体现科学性和前瞻性的成果，有力推进了"双师型"教师专门化培养向更深层次发展。同时，专家指导委员会的各位专家以及项目管理办公室的各位同志，克服了许多困难，按照教育部、财政部对项目开发工作的总体要求，为实施项目管理、研发、检查等投入了大量时间和心血，也为各个项目提供了专业的咨询和指导，有力地保障了项目实施和成果质量。在此，我们一并表示衷心的感谢。

编写委员会
2016年3月

前　言

根据教育部、财政部《关于实施中等职业学校教师素质提高计划的意见》（教职成〔2006〕13 号），山东理工大学"数控技术"省级精品课程教学团队王士军博士主持承担了教育部、财政部机械工程专业职教师资本科培养资源开发项目（VTNE006），教学团队联合装备制造业专家、企业工程技术人员、全国中等职业学校和高职院校"双师型"教师、高等学校专业教师、政府管理部门、行业管理和科研部门等的专家学者成立了项目研究开发组，研究开发了机械工程专业职教师资本科培养资源开发项目规划的核心课程教材。

《机械工程专业教学法》本着为中等职业学校机械工程专业培养专业理论水平高、实践教学能力强，在教育教学工作中起"双师型"作用的职教师资，内容充分考虑中等职业学校机械工程专业毕业生的就业背景和岗位需求、行业企业有典型代表性的机电设备及其发展趋势、岗位技能需求、专业教师理论知识、实践技能现状和涉及的国家职业标准等，也充分考虑该专业中等职业学校专业教师的知识能力现状，将行动导向、工作过程系统化、项目引领、任务驱动等先进的教育教学理念，理实一体化地将多门学科、多项技术和多种技能有机融合在一起。本书内容与实际工作系统化过程的正确步骤相吻合，既体现专业领域普遍应用的、成熟的核心技术和关键技能，又包括本专业领域具有前瞻性的主流应用技术和关键技能，以及行业、专业发展需要的"新理论、新知识、新技术、新方法"。本书内容撰写到了可操作的层面，每个项目、任务后有归纳总结，知识点和能力目标脉络清晰、逻辑性强，对形成职业岗位能力具有举一反三、触类旁通的学习效果。本书集图片、文字论述于一体，通俗易懂，便于职教师资本科生培养的教学实施和学生自学。

本书紧紧围绕中等职业教育特点、目标、要求、模式、方法和环节，针对机械工程专业岗位需求与教学需要设计教学内容和教学方法，强调理论课程、实践课程、综合实训课程的有机结合，突出专业教学法，并对专业课程中典型教学法案例进行剖析，强化技能培养，贯彻行动导向的教学理念，强调基于工作过程的做、学、教一体化的教学思想。全书分两大部分，第一部分主要介绍机械工程专业教学特点分析。在广泛调研的基础上，分析机械工程行业企业和职业特点，确定机械工程专业覆盖的职业岗位、典型的工作任务和能力目标；分析机械工程的专业特点和专业现状；分析中等职业学校学生的特点；分析机械工程专业的专业课程内容和特点；最后进行专业教学媒体和环境创设的分析。第二部分重点介绍行动导向教学法及其应用，并运用项目教学法、引导文教学法、实验教学法、模拟教学法、任务驱动教学法和案例教学法进行解读与案例开发。

本书主要作为机械工程专业职教师资本科培养的课程教材，也可作为从事中等职业学校机械工程类课程教学的专业教师的教学参考书。

　　本书由山东理工大学的王士军、石学军任主编，张东焕、侯荣国任副主编，山东水利职业学院的苑章义、济南市历城职业中专的董述欣、天津职业技术师范大学的邓三鹏、内蒙古大兴安岭林业学校的黄革莉、崇州市职业教育培训中心的刘翔和四川省雅安市石棉职业中学的郑义等参加了编写。

　　由于编者学识和经验有限，书中疏漏和不足之处在所难免，恳请专家和读者批评指正。

编　者
2017 年 5 月

目　　录

第二部分　机械工程专业教学方法应用

第一部分

机械工程专业教学特点分析

机械工程专业主要培养学生既能掌握机电设备的安装、维修、调试、检测、管理等专业理论知识，又能熟练进行机电产品的加工、装配、维修及维护等实用技术。因此，中等职业学校的教师必须以社会发展对机械工程专业中等职业人才需求为着眼点，突出应用性、实践性、先进性的原则，使学生适应本地区和其他经济发达地区产业结构的调整方向，适应企事业单位对人才的需求，适应学生今后继续学习和可持续发展的需要，进而建立一个科学、完善、具有中等职业教育特色的教学体系。

本部分内容从机械工程行业和职业现状入手，分析机械工程专业的教学特点，对涉及机械工程专业的对象、目标、内容、媒体等与教学法相关的主要教学要素进行分析。

第1章 机械工程行业和职业分析

机电设备的安装与维修行业是一个新兴的复合型行业,有良好的发展前景。随着科学技术的高速发展和日趋综合化,知识更新的周期在缩短,机械设备正朝着大型化、自动化、高精度化方向发展,生产系统的规模变得越来越大,设备的结构也变得越来越复杂,当代维修人员遇到的大多是机电一体化的复杂设备,先进的设备与落后的维修技术之间的矛盾正严重地困扰着企业,成为企业前进的障碍。因此,为了保证机械设备高效、正常地运转,需要大量合格的、专业的工程技术人员和设备管理人员对设备进行安装、维护与维修,制定合理的、经济的维修实施方案。我国加入世界贸易组织以后,世界各大型跨国公司纷纷在中国设厂,制造业必将迎来前所未有的兴盛发展时期,为适应制造业发展的需求,加快发展中等职业学校机械工程专业,培养具有一定专业素质的机械工程人才已势在必行,刻不容缓。

1.1 机械工程行业与企业发展现状分析

1. 机械工程行业与企业发展现状

制造业是国民经济的支柱产业,是一个国家、一个民族赖以繁荣昌盛的最根本的基础,是社会发展的物质基础和综合国力的重要体现。2006 年,全国政协副主席、中国工程院徐匡迪院长讲:古往今来,无论远古的石器时代、青铜器时代、铁器时代,还是后来的蒸汽机时代,到现在的知识经济时代,都显示出制造业是推动社会发展和进步的根本动力。而制造业中的装备制造业的整体能力和水平决定一个国家的经济实力、国防实力和综合国力。

机械工程专业遍布于装备制造业各个领域,对装备制造业的发展起着非常重要的作用,而装备制造业极其缺乏该专业技能型人才。我国职业教育全面实施素质教育以来,坚持以就业为导向,以服务为宗旨的办学方针,大力推进工学结合、校企合作的办学方式和创新人才的培养模式,更好地培养技能型人才,以适应装备制造业发展的需要。

国家统计局快报统计,2015 年机械工业增加值同比增长 5.5%,低于上年增速(10.0%)4.5个百分点,也低于同期全国工业平均增速(6.1%)0.6 个百分点,低于制造业(7%)1.5 个百分点。这是 2015 年的一个显著变化。表 1-1 为 2015 年机械工业增加值增速情况。

表 1-1 2015 年机械工业增加值增速情况(%)

	1~3 月	1~6 月	1~9 月	1~12 月
工业总计	6.4	6.3	6.2	6.1
制造业	7.2	7.1	7.0	7.0
机械工业	6.3	5.7	5.1	5.5
通用设备制造业	3.9	3.5	3.4	2.9
专用设备制造业	1.8	2.7	3.4	3.4

	1~3 月	1~6 月	1~9 月	1~12 月
汽车制造业	7.6	6.7	4.9	6.7
电气机械及器材制造业	7.5	7.2	7.3	7.3
仪器仪表制造业	7.6	6.6	5.9	5.4

在统计的 49 个种类行业中，有 13 个种类行业增加值增速同比提高，36 个种类行业增加值增速同比下降。

我国工程机械行业在 2007 年产品销售数量居世界首位，在 2009 年销售收入又跃升世界首位，成为名副其实的世界工程机械产销大国。2015 年工程机械行业本土品牌产品已满足了国内市场需求的 90%以上。其中装载机、挖掘机、汽车起重机、压路机、叉车、推土机、混凝土机械等一大批工程机械产品产量跃居世界首位；国内空分设备制造业以杭州杭氧股份有限公司(以下简称杭氧)为代表，一跃成为"全球最大的空分设备制造基地"，国内已有 10 家以上企业具有制造 6 万~10 万 m^3/h 等级空分的业绩；内燃机产品已有相当数量以单机或随配套整机进入国际市场，截至 2014 年底，我国内燃机产品社会总保有量已达 4 亿台；电度表、水表、煤气表、数字万用表、望远镜等通用仪器仪表类产品、液压气动元件、轴承产量位居世界前列；铸锻件产品年产量已连续十余年居全球首位，占全球年总产量的 40%以上；塑料机械持续多年产量位居世界前列，国内市场的满足度超过 70%，模具行业也已进入世界制造大国行列。

近年来，智能制造、"互联网+"开始起步。自动生产线、数字化车间、现代物流等已在长江三角洲、珠江三角洲等地区形成一定规模；传统工程机械制造企业和农业机械制造企业已开展了"互联网+"的尝试，以开拓新的市场。

根据有关部门统计，2003~2009 年机械工程行业企业的数量逐年增长，行业从业人员的数量也逐年增加。由于世界金融危机的影响，2009 年机械工程的行业企业以及行业从业人员的增幅有所减少，如图 1-1 和图 1-2 所示。但随着金融危机的淡化，机械工程行业企业以及行业从业人员的数量还会大幅度继续增长。

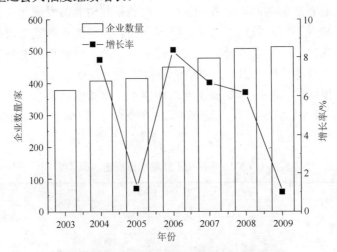

图 1-1　2003~2009 年行业企业数量发展状况

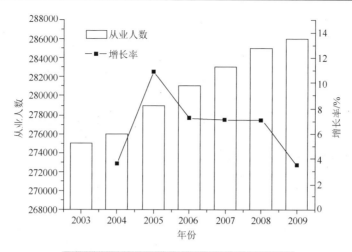

图 1-2　2003～2009 年行业从业人员发展状况

　　为了进一步了解机械工程专业人才需求的行情，针对湖南省机电设备生产行业的骨干企业，如中联重科、常德烟机厂、常德纺机厂、湖南车桥厂、洞庭机械厂等均是集产品设计开发、制造、销售、服务于一体的专业企业，均具有一定的规模。其中常德烟机厂企业员工近3000 人，常德纺机厂企业员工近 5000 人，中联重科企业员工超过万人，它们的企业工程技术人员约占企业员工的 15%，管理人员约占 5%，三家企业产品均生产各种重型机械和机电自动化产品，产品覆盖广东、广西、海南、湖南、福建等华南地区，由于企业善于管理，产品开发适销对路，因此企业产品具有较强的竞争力。这三家公司除了具有一批稳定的机械加工人员，数控设备都具有一定的规模，中联重科各种数控设备有 700 多台，占全部加工设备的15%，与数控技术有关的技能型人才约有 1280 人，机械工程专业技术人员有 1130 多人；常德纺机厂各种数控设备约有 140 台，占全部加工设备的 12%，与数控技术有关的技能型人才约有 180 人，机械工程专业技术人员有 120 多人；常德烟机厂各种数控设备约有 160 台，占全部加工设备的 14%，与数控技术有关的技能型人才约有 170 人，机械工程专业技术人员有130 多人；数控技术技能型人才在这两家公司颇为重视。其他企业如湖南车桥厂、洞庭机械厂、澧州机电设备有限公司等企业都属于中小规模的机电产品制造企业，企业员工 300～400人，技术人员平均占 10%。这些企业的机械工程专业人员在技术人员中所占的比重较大，平均可达 30%。

2. 经济发达地区对机械工程专业人才的需求

　　图 1-3 所示为我国机电设备维修生产地区分布统计图，从图中来看，华东地区由于地处沿海，经济较为发达，机械工程专业人才需求量也较大。

　　山东五征集团有限公司、山东莱动内燃机有限公司、山托农机装备有限公司，分别生产三轮车和四轮车、内燃机、拖拉机等机械装备，三个企业都是超过 5000 人的大型企业，它们都是以高新技术为增长点，重点发展微电子、数控机床、模具设计与制造、智能仪器仪表、电子专用设备、机器人等主导产业。机、电、信息技术的综合应用是这些产业的主要特点。这些公司都涉及机械工程技术的应用，大部分岗位需求综合素质高、具备机械工程技术的技能型人才。特别是近年来长三角地区高新技术产业的迅速崛起，社会人才需求格局发生了很大变化。机械工程专业作为电气自动化、机械制造等专业的补充与延伸，机电类应用型、技能型人才将成为各企业争夺的对象。企、事业单位急需一线技能型操作人才，尤其是中等职业技术应用人才，而当地的职业学校根本无法满足这一行业的需求，这也为机械工程专业的毕业生提供了广阔的就业空间。

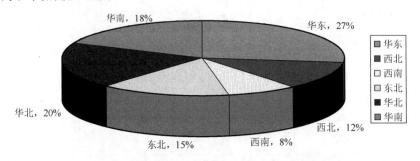

图 1-3　我国机电设备维修生产地区分布统计图

机械工程专业企业岗位涉及的机电设备约 90%是车床、铣床、磨床、各种组合机床、镗床、钻床、锯床、数控机床、加工中心等机械加工制造设备，这些机床涉及机械、电气控制、液压控制、气动控制、变频器、可编程控制器、数控技术等多方面的技能。表 1-2 为机械工程专业 2005～2008 年企业岗位涉及的机电设备。

表 1-2　机械工程专业 2005～2008 年企业岗位涉及的机电设备

企业	机械加工设备安装及维修岗位	装配线安装及维修岗位	电工安装及维修岗位	其他岗位
山东五征集团有限公司	占比89%	占比4%	占比3%	冲压机床、剪板机、喷涂设备、流体机械设备等，占比4%
山东莱动内燃机有限公司	占比91%	占比6%	占比1%	冲压机床、剪板机、喷涂设备、流体机械设备等，占比2%
山托农机装备有限公司	占比90%	占比4%	占比3%	冲压机床、剪板机、喷涂设备、流体机械设备等，占比3%

从企业设备故障率看，结构组成简单、精度低、控制简单的机电设备故障率低，而结构组成复杂、精度高、控制复杂的机电设备故障率就高。例如，车辆企业生产车厢的折弯机、冲床、剪板机等设备传动结构简单，电气控制系统简单，故障率就很低，有的设备一年不出故障；而生产后桥、变速器、齿轮、传动轴等零部件的机床，结构组成复杂、电气控制系统复杂，精度要求高，故障率就高。因此，机械工程专业所涉及的职业岗位主要是机床加工设备的安装与维修。

目前制造类企业急需的人才主要有：机电产品的制造加工；机电产品的组装、调试；机电设备的安装、维护；机电产品的销售、技术服务、检验与管理；自动化生产线的调试维护等；生产一线服务人才；生产现场工艺技术人员等。上述岗位在原有传统行业中融进了高新技术。有些机电产品和大型生产线应用了微机、软件、PLC、微电子、激光技术，并采用各种新型的传感器来检测和控制，其产品的制造手段也不断更新，如激光加工、数控加工等。这些岗位群所要求的专业知识和技能突出了应用性与综合化，所需要的人才是能直接有效地服务于生产一线的技能型人才。因此，为了适应区域经济和高新技术产业发展的需要，机械工程专业必须以社会发展对机电专业中等职业人才需求为着眼点，建立一个科学、完善、具有中等职业教育特色的教学体系，突出应用性、实践性、先进性的原则，使毕业生既能掌握机电设备的安装、维修、调试、检测、管理等专业理论知识，又能熟练进行机电产品的加工、维修及数控机床的安装、维护等实用技术，以适应本地区和其他经济发达地区产业结构的调整方向，适应企、事业单位对人才的需求，适应学生今后继续学习和可持续发展的需要。机械工程专业以"校企合作""工学结合"作为人才培养的新方法，提高课程的整合性、技术的先进性、知识的综合性，加强实践性，使该专业的毕业生明显具有实用型人才的特色。

改革开放以来，我国的机电设备年产量急剧增加，如数控机床的普及率大有提高，因此机电设备的应用将为我国制造业发展提供动力。但目前我国机电产品故障诊断与维修人才匮乏，我国职工队伍的整体素质还比较低，高级技工严重缺乏，加快培养高技能人才已经是当务之急。在沿海经济发达地区，高技能机电产品维修人员更为缺乏。这充分说明我国的职业技术教育和培养还不能适应发展的需要，必须加大机电设备故障诊断与维修人才培养的力度，满足社会需求。

1.2　机械工程专业师资培养的必要性

近年来随着世界各国机械设备工程体系的变革以及国内外制造业设备的发展，机械工程专业迅速发展，越来越显示出该专业对国民经济发展具有非常重要的意义，具有旺盛的生命力。很多高校和科研单位相继建立了"机电设备安装运行故障诊断与维修技术"研究机构，并且招收研究生，如东南大学、西安交通大学等很多高校设立了"现代故障诊断与维修技术""机械设备故障诊断"研究所，培养硕士、博士研究生。先进的故障监测手段与科学的状态分析相结合，运用科学的管理手段实现未来设备的维修管理，这将会提高设备服役期和使用寿命，充分挖掘机械设备的潜力，创造出更多的经济和社会价值。在制造业有句安全用语：故障有一点，安全有隐患，故障有一点，生产就停产。全国大量中等职业学校"机械工程"专业承担培养生产一线设备安装运行故障诊断与维修的应用型人才的重任，而这些学校"机械工程"专业的教师由于未经过专业和师范教育的系统培养，专业理论和技能水平参差不齐，亟待提高。"机械工程"专业的课程体系和教学手段、教学设施、教育理念、教材等各个方面的建设几乎是摸着石头过河，缺乏理论和实践相结合的研究与探索。要培养出高素质的学生首先要有高素质的教师，因此针对中等职业学校"机械工程"专业的教师进行机电设备安装运行故障诊断与维修理论与实践培养体系建设，进行教学培养，使他们掌握现代机电设备的性能、结构、工作原理等基本知识，具备现代机电设备安装、调试、维修、保养的技能以及机电设备现代化管理的能力，具备掌握设备管理信息系统设计、开发、维护的能力，适应现代加工企业，对中等职业学校教师培养从事现代机电技术应用以及现代数控设备的安装、运行、维修与管理的高级技术应用，具有必要性、紧迫性、重要性和不可替代性。

为了培养高质量的职业教育师资队伍，适应职业教育和本国经济发展的需要，世界上发达的国家，从 20 世纪 60 年代开始，逐渐建立起了以正规的普通高等职业师范院校和培养中心为主要形式的比较健全的师资培养体系，多渠道、多形式地为职业教育培养合格教师。归纳其途径大致有以下几种：第一，设立职业师范学院或技术学院、职业教育师资培养中心，作为职业教育师资的培养基地；第二，在普通高等院校(包括综合性大学、高等技术师范学院、普通高等师范学院)设置可以颁发职业教育师资合格证书的教育学院或教育系来培养职业教育师资；第三，推荐厂矿企业的工程师、技术员或高水平的技术工人到职业学校或其他职业培养中心任教；第四，建立比较稳定的兼职教师队伍。

各国承担职业教育师资培养任务的技术师范院校的课程设置以通用专业为主，以便使专业教师具有一定的适应性。俄罗斯乌拉尔国立职业师范大学课程设置包括普通科学类、专业课程类、教育心理学类，除此以外还有生产和教育实习。俄罗斯工程师范院校在培养师资方面，除加强专业学习外，还突出了三个方面的培养：强化动手能力的培养，要求学生本专业实践能力达到4级工水平；突出师范性教育，在教育理论方面开设教育学、心理学、教学法、生产实习与专业课教学法；拓展知识面，在保证专业理论教学、实践教学及教育理论的学习之外，各个专业还开设了拓宽知识面的选修课程。

经调查，我国缺乏"机械工程"专业人才的原因如下。

(1)没有建立起系统的该专业人才培养机制，该专业教师缺乏，教师专业理论和技能水平参差不齐，少数教师是学机械和电气专业的、很多是中学教师改行的；即使学机械和电气的也很少经过系统的专业培养。

(2)该专业课程体系和教学手段、教学设施、教育理念、教材等各个方面的建设几乎是摸着石头过河，缺乏理论和实践相结合的研究与探索。

(3)没有适合中等职业学校教师培养特点的课程和教材。

(4)有些培养，也大都停留在对照设备说明书介绍安装、维修机电设备，难以真刀实枪加工机械产品，不能顶岗生产。

(5)缺乏严格的培养实施方案和培养质量评价体系与监控体系。

(6)没有该专业培养教学法教材，教学方法不当，影响了培养质量。

综上所述，必须首先对专业教师进行培养，提高教师的专业教学法水平和应用教育技术能力。教育技术能力是任何学科的教师都必须具备的能力，是每一位教师都必须具备的能力，也就是"如何进行教学"的能力。

随着各地中等职业学校的迅速增加和招生规模的不断扩大，中等职业学校的师资成为制约职教发展的瓶颈，只有从源头上入手，不断提高中等职业教师师资水平，由高水平的教师去教育培养学生，才能真正做到不断提高各类职业教育学生的水平，因此，针对中等职业学校机械工程专业进行机电设备安装运行故障诊断与维修理论与实践培养教学体系建设，对提高中等职业教师师资水平，办好职教，办大职教有着极其重要的意义。

机械工程专业是涉及面广、涉及劳动生产率和经济效益的一门应用型科学技术专业。1983年中国机械工程学会设备维修分会根据国外经验和国内现状提出机械工程有两个层面的意义。其一是指在设备正常生产运行中或基本不拆卸全部设备的情况下，掌握设备运行状态，判定产生故障的部位和原因，并预测预报设备未来故障状态维修的技术，并不是等到设备坏了、不能生产了才检查故障进行维修。所谓状态维修，就是根据状态监测和诊断技术所提供的信息，在设备故障发生前进行适当和有必要的有针对性的维修，也称状态监测维修或预知维修，任何一个运行的设备系统，都会产生机械的、温度的、电磁的等信号，通过这些信号可以识别设备的技术状况，而当其超出常规范围，即被认为存在异常或故障。设备只有在运行中才可能产生这些信号，这就是要强调在动态下进行诊断的主要原因，它是防止事故的有效措施，也是设备维修的重要依据。其二是指通常意义上的维修，机电设备出现故障后不能正常使用了，需要进行维修。

1.3　机械工程专业中等职业人才的典型工作任务和能力要求

1.3.1　机械工程专业所覆盖的职业岗位

机械工程专业所覆盖的职业岗位有机电设备安装、机电设备维修、机电设备管理、市场营销与技术服务、机械制造生产等。100 多家企业机械工程人才的职业岗位(包括在岗的和需求的)分布情况如表 1-3 所示。

表 1-3　机械工程人才的职业岗位(包括在岗的和需求的)分布情况

职业岗位	本科/人		大专(中等职业)/人		中专(中等职业)/人		初中及以下/人	
	在岗	需求	在岗	需求	在岗	需求	在岗	需求
设备维修	63	66	92	67	283	24	229	21
设备安装与调试	9	15	19	18	12	13	1	
安装与维修工程预决算	16	6	35	13	12	3	1	
设备维修管理	25	7	29	20	24	9	14	
设备备件管理	10	6	10	13	16		1	
设备资产管理	4	18	11	5	16	2	12	
设备润滑管理	6	6	8	5	12	15	11	7
设备技改与更新	27	17	18	7	9	1	1	
产品销售与技术服务	17	13	20	15	22	12	21	
生产操作	11	72	186	370	479	676	595	
其他	14				1	5		
合计	202	226	428	533	886	760	886	28

由表 1-3 可见，机械工程行业的职业岗位中，中等职业在岗和需求人数较多的岗位是设备维修、设备安装与调试、设备维修管理、产品销售与技术服务、生产操作，在岗人数与需求人数基本持平。生产操作岗位需求量最大，约占总需求量的 80%，其次就是设备维修岗位，约占总需求量的 10%。从调研中还发现，现在在岗的设备维修人员多数都是 50 岁以上的老技术工人，他们在机械设备维修方面技术过硬。但随着科学技术的发展，尤其是数控设备的普及应用，老技术工人已远远不能适应和完成现代化机电设备的维修工作，再加上年龄问题，多数面临退休，这就需要一大批既懂机械又懂电气还要懂数控的年轻的具有更高技术的技术工人来补充。这样的技术工人需要中等职业学校机械工程专业来提供，因此大力发展中等职业学校机械工程专业势在必行。

1.3.2　典型工作任务和能力目标

机电设备维修工根据维修前台接待提供的维修工单，在规定的时间内以经济的方式按照专业要求完成机电设备的维护、小修或大修工作，并在维修过程中发现维修工单所没能记录到的而应该进行的维修项目。维修工以小组形式或独立工作，使用通用工具、机电维修专用工具、仪器和维修资料等，对机电设备进行维护或对机械、电气方面的故障进行诊断和修复。对机电设备进行维护、拆卸、检查、修理、安装和调整等工作按照标准规范，自觉保持安全作业，对已完成的工作进行存档等。

1. 专业能力目标（职业能力）

(1)熟悉机械工程相关职业标准。

(2)了解设备老化、失效、故障、维修等方面的基本概念、内容，对设备维修与故障诊断有较完整的认识。

(3)了解传统的和现代的主要故障诊断技术与方法，能正确运用故障诊断参数和标准等对实际故障问题进行定性分析与诊断。

(4)深入理解设备的拆卸与装配原则，能进行典型零部件的装配。

(5)熟悉机械零件的各种修复方法，能进行机械修复、焊接、热喷涂等操作。

(6)熟悉设备精度检验中常用的工具，能正确进行常用设备的精度检验。

(7)具有典型零部件、普通机床、农业机械的故障诊断和维修能力。

(8)能进行数控设备的安装和简单故障排除。

2. 方法能力目标

(1)具有自主学习能力和自我发展能力。

(2)能运用计算机、网络等现代学习工具，有信息收集和处理能力。

(3)具有安排任务与解决现场问题的能力。

(4)能自觉评价学习效果，找到适合自己的学习方法和策略。

(5)具有方案设计和开拓创新能力。

3. 社会能力目标

(1)良好的沟通能力和团队协作精神。

(2)爱岗敬业，具有高度的责任心。

(3)有自我管理、自我约束能力。

(4)良好的环保意识、质量意识、安全意识。

(5)有振兴中华的使命感与责任感，有将科学服务于人类的意识。

1.3.3　机械工程行业对岗位员工的能力要求

机械工程行业的岗位员工一般在生产第一线从事机电设备安装和维修工作，其主要从事机电设备的安装、调试、保养、维修、管理和操作机电设备从事生产等工作，也可从事与机械工程专业相关的技术工作，设计一般安装或维修的工艺装备和零件测绘。

机械工程行业的岗位员工应具有马克思主义、毛泽东思想的基础知识，能初步运用马克思主义的立场、观点方法分析和认识问题；拥护党和国家的路线、方针、政策，热爱社会主义祖国；树立正确的世界观、人生观、价值观以及民主法制观念，遵纪守法，养成文明的行为习惯；热爱劳动，艰苦奋斗，具有良好的职业道德。机械工程行业的岗位员工应掌握本专业必需的基础知识、基础理论和基本技能，具有分析、解决机械工程中一般技术问题的初步能力和获取本行业新技术、新知识的自学能力。机械工程行业的岗位员工应具有初步的体育运动和卫生保健知识，养成锻炼身体的习惯，掌握一定的运动技能，达到"国家体育锻炼标准"有关要求，具有健康的身体和心理。机械工程行业的岗位员工应具有较好的人文素养和高尚的生活情趣，并能不断培养和提高自己的综合素质。

其知识结构和能力结构应具备如下要求。

1. 知识结构

(1)具备从事本专业相关工作所必需的文化基础知识。

(2)掌握制图的基本知识。

(3)掌握机械、电气设备的性能、结构、调试和使用的基本知识。

(4)掌握机电设备安装、维修、保养的基本知识。

(5)具有工程材料及其加工的初步知识。

(6)具有计算机应用的基本知识。

(7)具有初步的设备技术经济分析及现代化设备管理的基本知识。

2. 能力结构

(1)具备机修钳工、维修电工必需的基本操作技能。

(2)具有一般机械设备的操作技能。

(3)具备测绘并设计机械零件及简单部件的能力。

(4)具有对设备设计、安装图纸进行工艺性审查的初步能力。

(5)具有实施与编制常用机电设备维修或安装工艺文件的初步能力。

(6)具备常用机电设备安装、调试、验收、维修、保养的能力。

(7)具有使用计算机进行辅助设计和设备管理的基本能力。

(8)具备正确的语言文字表达及读图、制图能力。

(9)具备正确使用手册、标准和与本专业有关技术资料的能力。

(10)具有借助工具书查阅设备说明书及本专业一般外文资料的初步能力。

3. 能力分析与分解模块

机械工程行业岗位员工的能力分析与分解见表 1-4。机械工程行业的岗位员工应具备的能力，用 7 个能力模块来表示。

表 1-4　能力分析与分解模块

序号	模块名称	每一模块的知识结构及能力结构的要求					
		A	B	C	D	E	F
1	基本素质与综合能力	掌握马列主义基本原理和基本方法，了解经济、政治、世界观、法律、国情等知识	具有良好的思想品德，爱祖国、爱人民、爱劳动，文明礼貌，艰苦奋斗，具有良好的职业道德	正确运用汉语进行听、说、读、写，有较强语言理解能力。能借助字典阅读与专业有关的外文技术资料	掌握锻炼身体的方法和技能，具有良好的身体素质和健康的心理。体能指标达到国家标准	具有一定的数学知识和物理知识，能对本专业所涉及的实际问题进行物理分析和数学计算	掌握计算机的程序、语言、操作系统等方面的基础知识。初步具有运用计算机解决本专业所涉及的实际问题的能力
2	机械设计、加工基本能力	能绘制和阅读普通零件图和装配图，熟悉机械制图国家标准	能正确选择和标注尺寸公差、极限配合、形位公差及表面粗糙度。掌握常用的测量方法	掌握常用机构和零件的工作原理、结构特点、设计和计算方法以及查阅、运用技术资料的能力	能运用静力学、动力学规律和方法解决工程实际中简单的力学问题。能对杆件进行强度和刚度计算	掌握常用工程材料的性能及金属热加工方法，初步具有正确选择材料、选择毛坯的能力	能合理选择、使用常用金属切削机床和常用刀具、通用夹具。能初步编制一般零件的加工工艺

续表

序号	模块名称	每一模块的知识结构及能力结构的要求					
		A	B	C	D	E	F
3	电气及控制基本能力	了解常用电路及电气设备工作原理,能看懂简单电气控制线路图,能安装调试简单电气控制设备	了解常用电子电路的工作原理、应用及其分析方法,能阅读简单的电子线路图及使用常用的电子仪器	熟悉常用液压与气压元件的工作原理及选用常用元件,初步掌握油路与气路分析和故障排除方法	了解常用低压电器和可编程控制器的结构、原理、型号和规格及其选择、调整和使用方法,熟悉几种通用设备电气控制电路		
4	设备选用、调试、维护基本能力	了解通用机械设备和金属切削机床的主要性能、结构及常见故障分析和排除方法,并能维护和调试					
5	其他相关能力	懂得欣赏音乐、美术及其他艺术作品。培养高尚的审美情趣	具有敬业精神及开拓创新精神;具有良好的心理素质和一定的创业、立业能力	掌握营销的基本原理、内容和方法,有获取市场信息、搞好产品推销的能力			
6	机电设备维修、管理基本能力	掌握设备维修、零件测绘的基本方法以及典型设备维修工艺规程的初步编制,能正确选用工、检、量具	掌握机电设备管理的基本知识,初步具有设备管理的能力	初步具有对常用机械加工设备、通用机械设备等常见电气故障进行分析和处理的基本能力	了解设备状态监测与故障诊断的基本知识、方法和典型零部件的故障特征,初步具有监测与故障诊断能力		
7	工业设备安装基本能力	熟悉工程测量常用仪器的原理、测量方法及相关计算,掌握设备安装的基本工艺过程,了解钢结构件和容器的安装工艺	掌握电气工程的安装操作规程及调试方法,掌握竣工验收方法和规程,初步具有电气设备安装调试、故障分析处理的能力	掌握常用管材及管路附件特点、规格和用途,常用工机具的作用及使用方法,各类管道系统的安装工艺			

1.4　机械工程行业、企业发展趋势分析

当今,世界高科技竞争和突破正在创造着新的生产方式与经济秩序,高新技术渗透到传统产业,引起了传统产业的深刻变革。机械工程技术正是这场新技术革命中产生的新兴领域。机电设备除了要求有精度、动力、快速性功能,更需要自动化、柔性化、信息化、智能化,

逐步实现自适应、自控制、自组织、自管理，向智能化过渡。从典型的机电设备来看，如数控机床、加工中心、机器人和机械手等，无一不是机械类、电子类、计算机类、电力电子类等技术的集成融合，这必然需要大量的具有机电设备操作、维修、检测及管理方面能力的综合性专业技术人才。

机械工程专业人才是机械类企业所必需的，无论是简单的机械加工，还是自动化程度高的机电产品的生产，都离不开机械工程专业。随着制造业中心向中国的转移，自动化程度较高的机械加工产业有望迎来 30%的增长。制造企业已开始广泛使用先进的数控技术，而掌握数控技术设计与加工的人才奇缺，"月薪 6000 元难聘数控技工""年薪 16 万招不到模具技工""工资再高也难找设备安装与维修技工"成为社会普遍关注的热点问题。据统计，目前我国数控机床的操作与编程人员短缺 200 多万人。数控、模具、机械工程专业人才短缺已引起中央领导、教育部、劳动与社会保障部等的高度重视，各级政府和领导关注全国职业中学的学生技能比武就已经说明了这一点。

机械工程技术的应用面非常广，在农、林、牧、渔产品的加工企业，食品加工、造纸、印刷、交通运输以及现代商业企业等都离不开机械工程技术。机电设备一方面是机械加电气所形成的机械电气化概念上的机电设备，另一方面越来越向涵盖"技术"和"产品"两个方面综合发展，是一种综合性技术，而不是机械技术、微电子技术以及其他新技术的简单组合、拼凑。机械工程技术由纯机械技术发展到机械电气化，仍属传统机械，其主要功能依然是代替和放大的体力。机电设备向综合性方向发展，其中的微电子装置除可取代某些机械部件的原有功能外，还有许多新的功能，如自动检测、自动处理信息、自动显示记录、自动调节与控制、自动诊断与保护等。即机电设备不仅是人的手与肢体的延伸，还是人的感官和头脑的思维，具有智能化特征是机电设备发展的新趋势。

思　考　题

1. 简述机械工程专业特点及发展趋势。
2. 简述机械工程专业技术的应用领域。
3. 分析我国缺乏机械工程专业人才的原因。
4. 分析机械工程行业、企业的发展趋势。
5. 谈谈你对机械工程专业中等职业人才素质与能力培养的认识。

第2章 机械工程专业分析和学生分析

2.1 机械工程专业技术特点分析

机械工程专业主要面向企业，一般是在生产第一线从事机电设备安装和维修工作，其主要从事机电设备的安装、调试、保养、维修、管理和操作机电设备等工作，也可从事与机械工程专业相关的技术工作，设计一般安装或修理的工艺装备和零件测绘等。

培养从事机电设备、自动化设备和生产线的安装、调试、运行、维修与检测工作技术人员与维修人员，以及机电设备的采购和销售工作人员。

2.2 机械工程专业发展现状分析

在"中等职业学校机械工程专业教学指导方案"的研究过程中，项目组成员共调查了100多家企业，这些企业分布在山东、江苏、四川、北京、浙江、安徽、广东、重庆、上海、天津、吉林、河北等省份。被调查的企业以中型企业为主，大型、小型企业为少数。企业人数最多为10000余人，最少为10人。这些企业分布在机、电、冶金、化工、纺织、医药、安装、木材等行业。

1. 中等职业学校机械工程专业现状

1) "机械设备维修与管理""工业设备安装"等专业的学制、培养目标

"机械设备维修与管理"专业的招生对象主要是初中毕业生，学习期限有4年制和3年制两种(以4年制为主)。"机械设备维修与管理"的培养目标是：培养德、智、体全面发展，掌握必需的文化科学基础知识和机械设备维修与管理方面的专业知识，有较强的实践能力，能适应社会主义市场经济需要的中等技术人才。

"工业设备安装"专业的招生对象是初中毕业生，学习期限3年。培养目标是：德、智、体全面发展，掌握必需的文化科学基础知识和专业知识，具有专业基本技能，适应社会主义现代化建设需要，从事工业设备安装、调试、维修等施工及管理工作的应用型专业技术人才。

2) "机械设备维修与管理""工业设备安装"等专业不是热门专业，但这几年正逐渐受到考生的重视

报考中等职业学校的学生在填报专业时，喜欢报热门专业以及"高、新技术"专业，相对冷落了"机械设备维修与管理""工业设备安装"等专业，这在经济、教育发达的地区更加突出。但是，从近几年学生填报志愿的情况分析，学生选择专业越来越注重社会的需要，"机械设备维修与管理""工业设备安装"等专业正逐渐受到学生的重视。

3) "机械设备维修与管理""工业设备安装"等专业的毕业生就业形势看好

(1)设备工程领域的从业人员很多，中等职业教育层次的人才占36.89%。此次一共调查了100多家企业，从业人员70022人，其中从事设备工程2402人，占总从业人员的3.43%，如表2-1所示。

表 2-1 设备工程从业人员学历分布

学历	人数	百分比/%
本科	202	8.41
大专(中等职业)	428	17.81
中等职业	886	36.89
初中及以下	886	36.89

(2)机械工程领域的人才需求量很大。这 100 多家企业目前需求机械工程专业人才的总数是 1547 人,中等职业教育层次的人才占 49.13%,如表 2-2 所示。

表 2-2 机械工程从业人员学历分布

学历	人数	百分比/%
本科	226	14.61
大专(中等职业)	533	34.45
中专(中等职业)	760	49.13
初中及以下	28	1.81

(3)越来越多的设备工程岗位由"机械设备维修与管理""工业设备安装"等专业人才所承担。过去,因"机械设备维修与管理""工业设备安装"等专业的毕业生较少,不能满足需要,大量机械制造专业的毕业生充实到了设备工程岗位。现在,随着"机械设备维修与管理""工业设备安装"等专业的不断完善,毕业生数量的增加,越来越多的设备工程岗位正逐渐被"机械设备维修与管理""工业设备安装"等专业人才占据。

2. 专业教学存在的问题及分析

1)专业培养目标与毕业生就业岗位存在较大的落差

过去,中等职业学校的教育对象一直是初中毕业生中的优秀学生,中等职业学校历来被认为是培养技术员的。这在原有的"机械设备维修与管理""工业设备安装"等专业的培养目标中有明确的说明。经过 30 多年的改革开放,我国的教育事业有了长足的发展,高校招生人数逐年扩大,教育结构不断发生变化。特别是 20 世纪 90 年代,中等职业教育对象从初中毕业生中的优秀学生变化为普通学生。然而,由于传统观念的惯性,"机械设备维修与管理""工业设备安装"等专业的培养目标、教学计划、课程大纲、培养模式、教学方法、教材建设等方面的改革滞后于这个转变,也滞后于人才需求的变化,专业培养目标与毕业生就业岗位存在较大的落差。这落差反映了我们对中等职业教育的认识跟不上教育事业的发展和人才需求的变化。

2)传授知识量大与课时数少的矛盾突出

"机械设备维修与管理""工业设备安装"等专业的学生毕业后,面临着就业和升学两种选择,就业后又必须有"上能当技术员、下能做技工"的能力,因此,专业培养目标比高中生要宽。较宽的培养目标要求在课程设置上有较广的知识覆盖面,有较多的实践教学和大量的技能训练(随着大量新技术、新知识充实到设备工程领域,学生所需掌握的知识和技能还将增多)。为了提高毕业生升学的竞争力,文化基础课以及一些主干课程的课时不能太少,教学要有一定的深度。这就造成了传授知识量大与课时数少的矛盾,尤其是 3 年制的"机械设备维修与管理""工业设备安装"等专业,矛盾更加突出。

3)理论教学与实践教学的课程设置不适应毕业生和用人单位的要求

就企业对毕业生能力结构、知识结构、综合素质等方面的要求,以及毕业生对能力结构、知识结构、课程设置、实践教学等方面要求的调查结果显示,"机械设备维修与管理""工业设备安装"等专业在某些课程设置上不适应毕业生就业和用人单位的要求。

对调查结果进行归纳、分析,结合"机械设备维修与管理""工业设备安装"等专业成功的办学经验,我们认为应对下列课程和实践教学作出调整。

(1)"机械制图"或"工程制图"中增加计算机绘图内容。

(2)"机械基础"同"极限配合与技术测量"综合。

(3)"设备状态监测与故障诊断"是一门难教、难学的课,用到的实验设备较多,设备也较昂贵,有条件、有实力的学校应加强这门课的教学,在师资、课时、实验设备等方面作相应的投入,创造出自己的专业特色。暂不具备条件的学校可缓开此门课。因此,将这门课程列为学校自主安排课程。

(4)将"工业设备安装"专门化的"工程识图"综合到"工程制图"课程中。

(5)加强包括钳工实习、机加工实习、电焊实习、机械拆装实习、电器装修实习和机械设备大修实习在内的基本技能训练与毕业综合实践,加大实践教学课时比例。

调整后的课程设置见"中等职业学校机械工程专业课程设置"。

4)专业师资力量比较薄弱

由于开办设备工程与管理方面专业的大学很少,所以中等职业学校师资队伍中设备工程与管理方面专业的毕业生较少,"机械工程"专业教师比较缺乏。目前,本专业师资的骨干力量大多是从厂矿企业引进的从事设备工程与管理方面工作的人才,他们中的绝大多数也不是设备工程与管理专业的毕业生。

专业师资队伍建设的当务之急是选拔一批教师去厂矿企业从事设备工程与管理实践,在实践中积累知识和经验,提高工程实践能力,建立一支"双师型"的专业教师队伍。学校要提出一个行之有效的师资培养方式,将这种培养方式与学校的教学活动结合起来,工程实践能力应成为考核教师业务能力的重要指标。

5)专业教学设备投入不够

"机械工程"是一个新兴专业,大多数学校开办的时间不长,专业教学设备的积累较少,底子薄弱,不利于本专业的发展。开办此专业的学校应加大专业教学设备投入,逐步改善专业教学设备条件。由于故障监测、诊断仪器设备价格高昂,学校在妥善管理的同时,应提高设备的利用率,尽快回收投资成本。

6)"提前"就业已严重冲击了本专业正常的教学秩序

少数企业利用毕业生担心工作难找的心理,2~3 月份即来校招聘,提出的条件是必须立即到该企业"实习",使他们尚未完成最后一学期的教学任务就成了这些企业的低成本劳动力。这种现象已严重冲击了正常的教学秩序,应该采取有效措施应对这种现象。

2.3 机械工程专业发展趋势分析

1. 当今科技飞速发展使知识老化的速度加快，要求专业教学不断更新教学内容

随着科学技术的飞速发展，大量新知识、新技术、新装备、新工艺、新材料不断涌现。现代化设备不再是传统意义上的机械技术、电气技术的产物，而是机械技术、电气技术、电子技术、数字技术、软件技术乃至光学技术有机结合的产物。这就要求机械工程专业教学要紧跟科技发展的前沿，不断更新教学内容，将设备工程与维修领域的新知识、新技术、新装备、新工艺、新材料介绍给学生，使学生对这一领域的最新发展有初步的了解。

教师要不断学习，不断更新自己的知识结构，多了解一些科技进步的新动态，把握设备工程与维修领域发展的脉搏。

在编写中等职业教育新教材的过程中，要紧紧围绕科学技术发展的主题，将设备工程与维修领域的最新发展融汇其中。

2. 科技进步和经济发展对本专业的毕业生的素质提出了更高的要求

随着科技进步和经济发展，许多企业装备了数控机床、加工中心、线切割、电火花加工等设备，这些设备不同于传统的工作母机，它们集机械、电气、计算机技术于一体。这不仅对维修人员的知识、技能、责任心、素质提出了更高的要求，也对专业的培养目标、培养模式、教学方法提出了更高的要求。

3. 以计算机为代表的数字技术、信息技术正渗透到机电设备的每一个环节，要求维修人员必须具备一定的计算机方面的知识和技能

现在，机械工业正进行着一场以计算机为代表的数字技术、信息技术革命，使古老的机械工业又一次焕发青春。机械设备中的机械传动、机械控制用得越来越少，取而代之的是电气传动、数字控制，而且成本更低。以计算机为代表的数字技术、信息技术正渗透到机电设备的每一个环节，维修人员不懂计算机硬件、软件方面的知识就如同不懂得机械原理一样，机械工程专业教学必须使学生具备一定的计算机方面的知识和技能。

同时计算机是人类发明的最有力的工具。随着科学技术的进步和经济的发展，计算机及网络技术会遍及人类生活的各个方面，其应用会越来越普及。教学中必须注意两点：一是让学生掌握计算机应用的基础知识和基本技能，二是培养学生对计算机的兴趣，为学生今后自学打下基础，以不断适应计算机技术的飞速发展。

计算机应用的普及也为专业教学提供了现代化手段。教学中应大量使用计算机演示、计算机仿真、多媒体教学等手段。面向 21 世纪中等职业教育的新教材，出版形式上可增加电子读物，为多媒体教学和学生自学提供方便。

2.4 机械工程专业教师与专业教学法

2.4.1 职校教师的专业素养

教师的专业素养是教师质量的集中表现。随着职业教育的不断发展，社会对职业学校的教师提出了更高的要求。作为一名中等职业学校的教师，不仅要热爱职教事业，有正确的人生观和良好的职业道德，热爱学生、教书育人，还必须要掌握现代职业教育的教学理论，懂得职业教育的教学规律，研究和运用职业教学法，具有多层复合的学识结构。职业学校教师的专业素养主要包含以下几个方面。

1. 职业学校教师应该具有与时俱进的职业教育理念

教育理念是指教师在对教育工作本质理解的基础上形成的关于教育观念和理性信念。职业教育不同于普通教育，职业教育肩负着为满足社会经济发展需求，为中国的世界制造业基地和世界服务业源源不断地输送大批高素质、高技能劳动者和专门人才的重任。姜大源所著的《职业教育学研究新论》中指出：职业教育类型特征至少包括基于多元智能的人才观、基于能力本位的教育观、基于全面发展的能力观、基于职业属性的专业观、基于工作过程的课程观、基于行动教学的教学观、基于学习情境的建设观、基于生命发展的基础观、基于技术应用的层次观和基于弹性管理的学制观。

职业教育的培养对象与相应层次的普通教育的对象相比，他们属于同一层次不同类型的人才，没有智力的高低之分，只有智能的结构类型不同。这就决定了两类教育的培养目标的差异。职业教育的培养目标，以能力为本位。现代职业教育的发展，要求职教教师不仅注重专业能力，还要注重个人能力、社会能力和方法能力；不仅注重体现在知识、技能和态度方面的能力，还要注重包括健康个性心理品质方面的能力；不仅注重个人发展的能力，还要注重个人对社会发展做贡献的能力；不仅注重目前的适应能力，还要注重未来的发展能力。职业教育的能力本位还将向人格本位发展，教育不仅为学生的当前就业服务，更强调为学生终身发展负责；不仅把学生培养成企业的劳动者，而且要把学生培养成能够适应劳动力流动加剧的变化、具有健全人格和深厚文化底蕴的"技术人文主义者"。从教会学生"学会学习"的目标出发，将学生培养成具有"可持续学习"本领的劳动者，将学生的学习与学生的发展密切结合起来，全面培养学生的职业能力。让学生在学习过程中学会学习、学会做事、学会交往、学会生存的能力。人格本位理论是在能力本位基础上的升级和扩展，而不是排斥和否定。职业教育从能力本位向人格本位转变是一种必然趋势。

职业教育课程是基于知识的应用和技能的操作，在内容选择和排序上有其自身的属性，具体表现在其"职业性"的特征。这种职业属性反映在教学中，集中体现为职业教育的教学过程与相关职业领域的行动过程，即与职业的工作过程具有一致性。职业教育的教学工作是实施职业教育课程。职业教育的教学总是与职业或职业领域及其行动过程紧密联系在一起，职业教育的教学本质从"知识客体"转向"学生主体"，实现培养目标从"教师本位"转向"学生本位"，要求职教教师具有学生中心的教学思想，能够了解与所教课程相关的真实的职业情景和与职业活动相关的任务，必须设计有利于高效领悟专业知识的情境、有利于高效培养专业技能的实训活动，进行具有职业特色的职业活动导向教学；为学生提供"学什么""怎样学""在什么地方学""何时学"等更多的选择，使学生更明确学习内容的意义，理解学习活动与工作世界的相关性，从而更好地引发学生的学习动机。

2. 职业学校教师应该具有多层复合专业能力结构

1) 具有深厚的专业知识技能和人文修养

教师的知识结构应适应现代科学技术加速发展的整体化、综合化发展的趋势。教师必须具有深厚的机械工程专业知识，否则难以"传道、授业、解惑"，对自己所教授专业的基本理论、基本知识、主要内容、研究方法及其历史、现状、未来发展等方面要有详细的了解和必要的研究。此外，还应具有较扎实的与机械工程相关岗位的专业技术理论，熟练的操作技能和运用技巧以及一定的生产实践经验。教师还应有较好的人文修养，要思想活跃，视野开阔、兴趣广泛，知识渊博，才能适应时代和学生的要求。

2)具有专业发展和终身学习能力

职业教育的专业随着社会经济的发展而发展，要与经济建设接轨。这就要求专业课教师的知识结构不能单一，必须具有开放性、转换性，以适应社会生产的需要。因此，专业课教师必需具有学科转换能力，具有专业拓展和终身学习能力。首先，教师要对本专业的基础知识、技能有广泛而准确的把握，通过教学设计正确高效地向学生传授；其次，要对与本专业相关的领域有所了解，能够根据实际情况和教学要求与相关课程的教师取得协调，组织学生开展综合性教学活动；再次，教师需要掌握自己专业所提供的独特的视角、域界、层次及思维的工具与方法，跟踪专业发展，开发新的课程。专业课教师必须具有求知的毅力和自学的能力，努力学习本学科与其他相近学科的新知识，不断充实自己的知识储备，并保持其内容的先进性。随着时代科学的发展，教师要不断学习、不断完善自我和发展，只有懂得终身学习的价值，才能适应时代和学生的要求。

3)具有较强的专业教学能力

中等职业学校为企业输送和培养的是合格的技术工人，这就要求我们的专业教师不仅具备专业理论知识，同时更要具备专业实践动手能力；随着普通教育的普及，职业教育的生源质量不断下降，学习者的学习能力发生了较大的变化，然而对教师的教学能力要求却提高了。因此，职业学校教师应具有较强的专业教学能力，特别是专业教师实践动手和教学法应用能力。由于职业学校专业课的实践性强，要求专业课教师既要有理论讲授能力，又要有动手操作能力。能够既动口又动手地进行教学，往往成为职教专业课教师基本功的标志。中等职业学校的专业教师，仅有学科理论知识是远远不够的，应该具备专业实践教学能力、专业知识技能和现代职业教育理论，能够运用先进的教学法和教学手段有效地实施教学。

2.4.2　专业教学法的理论基础

1. 专业教学理论基础

1)多元智能教学论

美国哈佛大学心理学家霍华德·加德纳于 1983 年在《智力的结构：多元智能理论》提出新智力理论。加德纳认为传统的智力观过于狭窄，主要限于语言和数理逻辑能力方面，忽略了对人的发展具有同等重要性的音乐、空间感知、肢体动作、人际交往等方面，人类智能是多元的，不是一种能力而是一组能力。他认为每个人都有至少八项智能，而且个体在这些智能中呈现的智能类型是不同的，具有不同的优势。人的智力类型的不同，其成才的目标、方式和途径也不同。教育的根本任务就是根据人的智能结构和类型，采取合适的培养模式，发现人的价值、发展人的个性。

2)建构主义教学理论

建构主义教学理论源自瑞士心理学家皮亚杰和维果斯基的智力发展理论。建构主义理论内容非常丰富，其核心是：以学生为中心，强调学生对知识的主动探索、主动发现和对所学知识意义的主动建构。它强调学生是教学的主体，教学要以学生为中心来组织，学生新知识的构建是建立在已有的知识和经验之上的。它强调知识的构建是在教学环境的创设和学习方式的转变中实现的。

2. 专业学习理论基础

1) 行为主义学习理论

行为主义学习理论代表人物斯金纳提出了刺激-反应(S-R)条件反射理论，认为学习是一个操作性条件反射过程。其基本观点是：以刺激-反应公式作为心理现象的最高解释原则，强调学习过程中外部强化因素，认为通过设计学习程序和练习并提供及时的反馈就能促进学生技能的形成，但忽略了学生的主体因素和教学情境的作用。

2) 认知主义学习理论

认知主义学习理论强调经验具有整体的内在结构，学习就是通过认知重组把握这种结构，呈现"刺激—重组—反应"过程。其基本观点是：强调学习通过对情境的领悟或认知形成认知结构，主张研究学习的内部过程和内部条件；强调人的认识是由外部刺激和认知主体心理过程相互作用的结果。学习是个体根据自己的态度、需要、兴趣和爱好并利用过去的知识和经验对当前的学习内容做出主动的、有选择的信息加工过程。

3) 行动导向学习理论

行动导向学习理论强调学习中人是主动、不断优化和自我负责的，能在实现既定目标过程中进行批判性自我反馈，学习不是外部控制而是一个自我控制的过程。其特点是：教学内容与职业实践尤其是工作过程紧密相关；学生自组织学习；强调合作和交流；多形式教学方法交替使用；教师是学习过程的组织者、咨询者和指导者。

4) 建构主义学习理论

建构主义学习理论是在行动导向学习理论基础上形成的。其基本观点认为，知识不是通过教师传授而是学生通过建构意义的方式获得的；认为"情境""协作""会话""意义建构"是学习环境中的四大要素；强调教学设计的学生中心、学为中心、情境作用、协作学习、意义建构等原则。

2.4.3 专业教学法在教学中的地位和作用

职业教育作为以就业为导向的一种教育，与普通教育或高等教育相比，最大的不同点在于其专业鲜明的职业属性。职业教育的专业教学必须建立在职业属性的基础之上。职业教育的专业就其属性而言，不是学科性专业，它总是与从事该职业的人的职业活动联系在一起的，它是对相关职业领域里的职业群或岗位群的从业资格进行高度归纳、概括后形成的一种能力组合。职业教育专业的这一职业属性反映在教学中，集中体现为职业教育专业的教学过程与相关职业领域的行动过程，即与职业的工作过程具有一致性。这就要求职业教育要以自己独特的视野，构建有别于普通教育教学论的职业教育专业教学论体系。

专业教学论所主要讨论的关于教学的目标(为什么教)、内容(教什么)、方法(怎么教)、媒体(用什么教)等都必须和具体的专业内容结合起来。在"目标、内容、方法、媒体"四大要素中，"目标"和"内容"是关于专业教学的目的维度，"方法"和"媒体"是关于专业教学的路径维度。如果将课程和教学分开，教学论的目标维度指向课程，路径维度指向教学。在职业教育专业教学中，专业教学论必须回答以下问题：专业教学要达到什么教育教学目标、为了达到教学目标应选择哪些专业内容、专业内容又是通过什么教学方法应用什么教学媒体来实施的。

专业教学法与专业教学论两者不是同一内涵，专业教学法的主要特点是对教学的方法展开细致和深入的研究，只是涵盖专业教学论的四大要素中"方法、媒体"两大要素。具体地说，专业教学法是教师为实现专业教学目的所采用的教学技术，以促成学生按照目标和内容的要求进行学习的方法。现代意义的专业教学法更多地侧重于"学的方法"，而不是仅仅强调"教的方法"。专业教学法一般可分为两类：一是传统的以教为主的教学法，如传统讲授、讨论式讲授、讨论、研讨、小组工作、独立工作等；二是现代的以学为主的教学法，主要是行动导向的教学法，包括项目教学法、实验教学法、模拟教学法、引导文教学法、角色扮演教学法、案例分析教学法、计划演示教学法、张贴板教学法、头脑风暴教学法等。教学方法的掌握是职教教师专业化的重要方面。现代职业教育的目标是培养具有综合职业能力的新型劳动者，即高素质技能型人才，这就要求他们不仅具有专业能力还具备所谓跨专业的关键能力。几十年来的历史表明，传统的行为主义的、教师中心的、传授式教学难以当此重任。在现代教学理论看来，学习是个体建构自己知识的过程，这意味着学习是主动的，学习者不是被动的刺激接受者，他要对外部信息做主动的选择和加工。学习过程并不是简单的信息输入、存储和提取，而是新旧经验之间的双向的相互作用过程。行动导向的教学方法追求学生中心的教学过程，强调学习要指向学生的需求、兴趣，要激发学生的动机，让学生主动投入到学习过程中，形成与情境相连的社会性学习。注重学习过程中的脑(认知领域)、心(情感领域)、手(技能领域)并用，使学生既知道"是什么"，又知道"怎么做"，因而在职业教育中得到推崇。在职业教育中应用行动导向的教学方法，并非一概排斥传统的如讲授式教学方法，而是将两者按专业教学的目标和内容结合起来运用，互相补充、互相支持。职业教育的教育对象，是具有形象思维特点的个体。

教学方法的应用要符合专业内容教学的特殊要求，以利于达到专业教学的特定目标。不同的教学方法有其应用的场合和条件。机械工程专业从专业属性上看是倾向于管理学科，根据专业特点和本专业中等职业学生的认知特点，以及管理学科成功的教学经验，案例分析教学法、任务教学法和角色扮演教学法是本专业比较合适的教学法。通过对将来所从事的职业角色进行扮演，让学生体验未来职业岗位的情感，而深化对学生职业能力的培养，使学生在感悟职业角色的内涵过程中，调动学习的内在动力，把职业知识与职业技能和职业心理有机地结合在一起学习，形成良好规范的职业素养。

适合专业教学的方法有哪些？方法的教学论基础是什么？其运用的场合和条件是什么？其操作的具体程序和步骤是怎样的？如何将其应用到自己的教学实践中？这些问题的解决就是我们学习专业教学法的目的所在。"教学有法，教无定法"，认识、模仿、应用、开发各种教学方法，根据不同情况灵活应用，是教师的教学能力发展之路。

2.4.4　机械工程专业教师的工作要求

中等职业学校为社会培养高素质技能型人才服务，现代职业教育的发展趋势要求教师应该具有多层次复合的学识结构。中等职业学校机械工程专业教师，在基础层面上，要有宽泛的科学知识与人文知识，应该了解机械工程企业对从业人员的素质要求；在专业层面上，应在机械工程专业上有精深的造诣，要通过到机械工程企业对口岗位实习，熟悉相关专业领域的新知识、新技能、新工艺、新方法，要对机械工程相关的专业岗位群的知识与技能有较深的了解；在教育学科类知识层面上，要掌握包括对人的认识、教育理论、管理策略、教育教学活动设计、教学方法选择、现代教育技术运用、教育研究方法、课程开发方法等方面的理论及运用能力。

根据中等职业学校专业教师应该履行的教育教学职责和教学工作特点要求，本专业教师必须掌握机械工程相关工种的职业能力和实践技能，能够运用先进的教学方法和教学手段实施教学，指导学生开展相关项目训练；能够进行教学计划的具体设计、实施与评价以及教学资料、媒体、专业实验室及实训场所的分析应用；能够运用工作分析方法对具体岗位和工作过程进行分析并获取技术工人所需的知识、技能。在专业实践能力方面，中等职业学校人才培养的目标是机械工程专业领域应用岗位的专业知识与技能。中华人民共和国劳动和社会保障部制定了 16 种国家职业标准：机修钳工、装配钳工、维修电工、工具钳工、数控机床装调维修工、机械设备安装工、电机装配工、锅炉设备安装工、电气设备安装工、高低压电器装配工、车工、镗工、铣工、刨工、磨工、加工中心操作工。其中主要是：机修钳工、装配钳工、维修电工、工具钳工、数控机床装调维修工、机械设备安装工。根据这些典型岗位工种的主要工作任务和职业能力要求，专业教师应熟悉机械工程典型职业岗位的工作任务，熟悉这些岗位作业内容、作业方法、作业过程和作业标准，达到相应岗位的中级工及以上的技能水平。

在专业教学能力方面，教师应具备良好职业道德和教学基本技能，包括掌握职业教育学、职业教育心理学理论和专业教学法，能够进行机械工程专业教学特点分析、专业教学设计，能够制定授课计划、设计教案；进行教学准备与实施教学，熟悉现代教学媒体和教学软件运用，开展教学评价，特别是在机械工程专业教学设计、行动导向教学方法和策略运用方面，具备在机电设备安装与调试技术、机电设备组装测试与故障维修等核心课程的教学内容上熟练运用项目教学法、任务驱动教学法、模拟教学法、案例教学法、引导文教学法和实验教学法等专业教学法实施专业教学的技能，具备在机电设备安装与调试技术和机电设备组装测试与故障维修项目上应用各类教学法的教学能力。

专业骨干教师不仅能够根据不同教学情境熟练地完成教学活动，善于把工作岗位及工作过程转换为学习环境和开发专业教学中的学习工作任务，熟练运用工作分析方法，将岗位分析的结果归类重组并形成新的教学内容并系统地进行技术、工作以及职业教育过程的分析、组织与评价，还能够统筹总领课题项目研究、设计研究方案、控制研究过程、形成研究成果并推广实施。

2.5　中等职业学校学生的智力和认知加工特点

中等职业学校学生像社会上其他民办学校的学生一样不是通才，不是所谓的高分学生。他们常常被省市(地区)级公办重点学校认为是一群被淘汰出来的劣势群体。但是，就是这样的学生，他们每个人仍然有自己在学习上的需要、兴趣、特长表现和个性倾向性。关注他们的需要、兴趣乃至个性倾向性，是我们从事教育教学的出发点。

职业学校学生的年龄一般在十五六岁至十八九岁。随着普高热的升温，学习上的后进生、品德上的后进生和行为上的后进生成为现阶段职校生的主要成分。职业学校的学生大部分是基础教育中经常被忽视的弱势群体，这也决定了他们的复杂性，是一群需要特别关注的特殊群体。在学习上大部分职校学生学习目的性不够明确，学习的动机层次不高，学习方法不当，学习习惯不良，学习的认知能力水平较低，学习的焦虑现象比较普遍。在情感方面表现为情感不稳定，情绪自控能力较弱，对社会性情感表现冷漠，在感情上易遭受挫折，挫折容忍力弱。另外，大部分职校生由于初中阶段学业成绩不够理想，存在较严重的自卑自贱心理。

1. 了解学生，认识学生，发现他们个性中的智力强项和特长差异

每个学生都有自己的智力强项和特长，职校生也是如此，问题是我们如何去认识它，发现它，使它在职校生身上得以充分发挥。美国哈佛大学心理学家加德纳的"多元智力理论"为我们实施个性化教育培养模式创造了条件。加德纳认为，学生的智力是多元的，人除了言语(语言智力)和逻辑(数理智力)两种基本智力，还有七种其他智力，即视觉(空间关系)智力、音乐(节奏)智力、身体(运动)智力、人际交往智力、自我反省智力、自我观察智力和存在智力。加德纳认为，每个学生都在不同程度上拥有上述九种基本智力，智力之间的不同组合表现出个体间的差异。教育的起点不在于一个人有多么聪明，而在于怎样变得聪明，在哪些方面变得聪明。根据加德纳的观点，由于智力总是以组合的方式来运作的，每个人都是具有多元智力的个体，而不是只拥有单一的、用笔纸测验可以测出分数来判断解答问题能力的个体，所以每个教育对象刚一出生就不相同，他们都没有完全相同的心理倾向，也没有完全相同的智力，而都具有体现自己个性的智力强项，有自己的学习风格。如果通过接近学生，能认识和发现学生的这些差异，指出并欣赏学生的这些智力强项，然后针对其进行有的放矢的教学，那么就会产生最大的功效，我们的教学也就会洒满阳光，充满希望。由此可见，了解学生，发现学生的智力强项和特长，并认真地对待这些差异是实施个性化教育的前提。教育者不会发现学生，学生不会发现自我，都是一种很可悲的事情。事实上，在我们传统的教学中，往往是以相同的教学方式对待每一个学生，而每一个学生以相同的方式学习相同的学科，然后以相同的测验接受统一的评价，从而甄别出成绩好的学生和成绩不良的学生。这种乍看起来相当公平的教学实际上忽视了学生的个体差异和智力强项，它是以假设每个人都具有相同的思想和智力为基础的，而实际上世界没有两个人具有完全相同的智力。因此，这就要求在可能范围内，教学应根据不同的学生智力特点来进行，教师应根据教学内容的不同和教学对象的不同创设各种适宜的能够促进学生全面充分发展的教学手段、方法和策略。由此可见，个性化教学就是在发现了学生的个别差异和智力强项的基础上而从事的教学。那么，如何去了解、认识和发现，作为老师，首先要摒弃用传统的"正规"的评价工具(如标准化测验考试)去了解和认识学生的个别特性。传统的这种做法，实际上是对大多数学生个性智力强项的否定和抹杀，因为它具有局限性。要真正地了解一个学生是要做大量具体工作的，仅仅通过考试是不能够得到的。在现实的教学中，老师要通过与学生谈话、讨论问题及开展丰富多彩的活动去了解学生，认识学生，发现学生的特长、才华和智力强项。当然，最好的做法是学生跟同一教师学习很长时间，使教师和学生对彼此都有深入的了解，最终形成彼此相容的"搭档"，这样，教师就不会再说出"我教得好，但他就是学不会"这样的话来。

2. 尊重学生，赏识学生，满足他们个性中的智力强项和特长发展的需要

教育工作者的对象不是完人，应当看到每个学生都有自己的长处，即使职校这些所谓的"差生"，也具有加德纳"多元智力理论"所认为的智力强项。教师要善于发现学生的长处、闪光点、智力强项，学会赏识学生，学会尊重学生，不因为他们身上曾经表现出来的劣迹而去歧视他们，即使是对所谓的"差生"。教育者不会赏识学生，学生不会赏识自己，这是一件很可悲的事情。教师不应该只会批评，不应该总是以教训者的角色面对学生。如果批评多于鼓励，教训多于赏识，讽刺挖苦多于尊重，则师生矛盾就会不断激化，如果教师满眼都是些不如意、不顺眼的学生，哪里还有什么人才可言?我们应该学会发现和欣赏学生的长处，满足他们个性中所表现出来的智力强项和特长发展的需要。心理学认为"需要是个性倾向性的源泉"。苏联心理学家波果斯洛夫斯基指出："需要……这是被人感受到的一定的生活和发展条件的必要性。需要反映有机体内部环境和外部生活条件的要求……需要激发人的积极性……需要是人的思想活动的基本动力。"由此可见，没有需要，也就没有人的一切活动，况且需要还永远具有动力性，需要越强烈，由此引起的活动也就越有力。凡是能够满足人需要的事物，则产生肯定的情绪，反之，则产生否定的情绪。正因为这样，关注学生的需要，满足其需要，是我们实施个性化教育塑造学生个性的关键。所谓满足学生的需要，是针对学生个性所表现出来的智力强项和特长而言，不是满足他们身上非正常的任性和有阻于智力发展与身心健康的不良嗜好。人是万物之灵，每一位学生与生俱来都有以下几个方面的需要：探究的需要、获得新的体验的需要、获得肯定认可的需要、交际的需要、审美的需要、承担责任的需要。除此之外，还有爱的需要、道德的需要、创造的需要、自我实现的需要等。

美国心理学家马斯洛认为，每一时刻最占优势的需要支配着一个人的意识，成为组织行为的核心力量。那么只有我们满足了学生每一时刻占优势正常的发展需要，才能成为塑造其个性特长、优化其心理素质、强化其智力强项的积极推动力量。

要满足学生的需要，首先，在开设必修课的同时，设置丰富多样的选修课，并针对职业学校特点，强化和提升其专业技术类课程。必修课程的主导价值在于培养和发展学生的共性，选修课程则在于满足学生个性发展所表现出来的智力强项、特长、兴趣和爱好的需要。而职校在针对学生个性发展方面的选修课的开设上，几乎等于零，这方面的工作有待我们重视和落实。其次，针对学生尤其是职校生的实际情况，尝试开设有关综合实践活动课程，因为此类活动课程能满足学生多方面的需要。这些课程主要包括研究性学习、社会服务与社会实践、信息技术教育、劳动与技术教育，除此之外，还有如班团活动、体育艺术节、学生同伴间的交往活动、学生个人或群体的心理健康活动等。综合实践活动关注的焦点是学生关心什么，对什么感兴趣，哪些真正是学生的问题和需要。

当然，在如何开发和利用校内校外课程资源来满足学生多方面的需要与发展这一方面，还有待进一步探索和研究。

3. 激发兴趣，表现自我，促使学生个性中智力强项和特长的成功实现

满足了学生个性特长或智力强项发展的需要，就会激发学生的学习兴趣。瑞士心理学家皮亚杰指出："兴趣，实际上就是需要的延伸，它表现出对象与需要之间的关系，因为我们之所以对于一个对象发生兴趣，是由于它能满足我们的需要。"可见，人的兴趣是在需要的基础上，在活动中发生发展起来的。需要的对象就是兴趣的对象，正是由于人们对某些事物产生了需要，才对这些事物发生兴趣。所以教师在教学过程中应尊重学生的人格，关注个体差异，满足不同学生学习的需要，创设能引导学生主动参与的开放自由的教育环境，从而激发学生学习的兴趣和积极性。实际上，人与生俱来就有一种积极的自我表现的需要，把自己的成绩、智慧展示于众人面前，赢得他人的肯定和尊重，享受精神的满足，这是人类事业取得成功的内在动力。况且，自我表现对学生而言，意味着心态的开放、主体性的突显、个性的张显、创造性的解放、成功的实现。所以，为每位学生提供自我表现的机会，使每位学生都能得到发展和成功，这是我们实施个性化教育、塑造学生个性所要达到的最终结果，也是每个教育工作者不懈追求的目标。教育者不能促使自己的学生成功，学生不能自信地走向成功，同样也是非常可悲的事情。实际上，传统教学过分强调预设和封闭，课堂上普遍存在着教师中心主义和管理主义倾向，满堂灌，一言堂，毫不考虑学生

的个人体验。这就严重剥夺了学生自我表现的欲望，伤害了学生的自尊心，摧残了学生的自信心，从而使课堂教学变得机械、沉闷和程式化，缺乏生气和乐趣，学生缺乏对智慧的挑战和对好奇心的刺激，鲜活的生命力在课堂中得不到充分的发挥和淋漓尽致的表现。封闭导致僵化，只有开放、交往，表现才有可能实现，学生的才能才有可能发展，才有可能成功。

那么如何尊重学生的表现，如何给学生提供表现的机会和创设成功的契机? 首先，从教学角度讲，要鼓励学生自我理解、自我解读教科书，尊重学生的个人感受和独特见解，使学习过程成为一个富有个性化的表现、张扬过程。这是为学生提供个性化表现的前提，也是走向成功的必由之路。其次，在教学中要超越历史上的"教师中心论"，建立互动的师生关系。把教学的本质界定为交往，通过交往，重建人道的和谐的民主平等的师生关系。在这样的师生关系中，学生会体验到平等、自由、民主、信任、友善、理解、亲情与关爱，同时受到激励、鞭策、鼓舞、感化、召唤、指导和建议，形成积极的人生态度与丰富的情感体验。这是替学生创设个性化表现的人际氛围。再次，转变学生的学习方式，倡导学生自主、探究与合作的学习，逐步改变传统教学中的教师为中心、课堂为中心和书本为中心的局面，不断拓展教学空间，促进学生创新意识和实践能力的发展。这是为学生提供自我表现和成功实现的本质要求。

当然，在现实的教学中，也可通过一系列具体操作，为学生提供表现的机会，促使其智力强项和特长的成功实现。例如，把讲台让给学生，让学生上台讲，让学生参与练习设计，通过参与教的过程给学生表现的机会；指导学生发表作品，组织各种竞赛活动、游戏活动、实践活动，给学生提供表现机会；通过自主选择学习方法给学生表现的机会；通过角色转换给学生表现的机会等。

2.6 职校学生的非智力因素特点

什么是学生的非智力因素呢？综合大多数心理学家的观点：非智力因素是指人的智力因素之外的那些参与学生学习活动并产生影响的个性心理的因素，如兴趣、情感、意志和性格等。非智力因素也可以称作对心理过程有着起动、导向、维持与强化作用，又不属于智力因素的心理因素。所以非智力因素是一个内容十分广泛、复杂的概念，包含了除智力因素以外的所有的其他心理因素。非智力因素是学生学习的动力，是学习积极的心理机制。非智力因素对学生的学习活动起着定向作用和巩固作用。智力发展不好的孩子，只要非智力因素得到发展，就可以弥补其智力的不足。

学生的自信心、自尊心、好胜心、求知欲望、学习热情、成就动机、坚持性、独立性、自制性和克服困难的勇气都是非智力因素的具体表现。培养学生的非智力因素有助于提高教师的教学质量，积极的非智力因素可以推动和促进学生的智力因素的发展与能力的培养，这一点对职业学校的学生来说尤为重要。

1. 加强学习动机的培养

动机是指引起个体活动，维持已引起的活动，并引导使该活动朝向某一目标进行的一种内在历程。应该说，绝大多数职业学校的学生由于初中阶段学习成绩不够理想，普遍存在厌学情绪。因此，作为职业学校的老师应通过各种手段，激发学生学习的斗志，鼓舞学生积极向上，克服困难，完成学习任务，获得优秀成绩。教师应注意多发现学生的闪光点，表扬、鼓励多于批评和指责，使他们对学习感到需要并直接转化为内在的学习动机，然后创设各种条件强化学生的学习动机，使之持久地维持下去，始终发挥作用。

2. 职业兴趣的培养

兴趣是人的意识对一定客体的内在趋向性和内在选择性。爱因斯坦说过："兴趣是最好的老师。"郭沫若也说过："兴趣爱好有助于天才的形成，爱好出勤奋，勤奋出天才，兴趣能使我的注意力高度集中，从而使得人们能完善地完成自己的工作。"

职业兴趣的发展一般要经历有趣、乐趣、志趣三个阶段。

有趣是兴趣发展过程中的第一阶段，也是兴趣发展的低级阶段。它往往非常不稳定。处于这一阶段的兴趣常常与人们对某一事物的新奇感联系。

乐趣是兴趣发展过程中的第二阶段，它是在有趣的基础上定向发展形成的。在这一阶段中，学习的兴趣变得专一、深入。

志趣是兴趣发展过程中的第三阶段，当乐趣同人们的社会责任感、理想、奋斗目标结合起来时，乐趣就变成了志趣。志趣是人们取得成就的根本动力，是成功的重要保证。实际上，当人们的兴趣发展到了志趣的程度时，那就转变为职业理想了。作为职业学校的教师应加强学生的职业兴趣的培养，使学生对职业产生兴趣，最终成为职业理想。

3. 加强顽强意志的培养

意志是人自觉地确定目的，并根据目的来支配、调节自己的行动，克服各种困难，从而实现目的的心理活动。

良好的意志品质是一个人健康成长乃至成才的根本保证。作为教师要充分认真挖掘教材中的德育素材，如利用著名科学家或其他名人的座右铭来激励学生。在教学过程中，根据学生的特点有意地设置一点"坡度"，使教学过程成为学生克服困难的过程，使学生感到既有压力，又有战胜困难的自信心，从而产生不断向更高目标攀登的意志。当学生遇到挫折、困难时，作为教师要帮助分析原因，提供解决的方法，尽可能地鼓舞，真正使学生做到不因一时受挫而放弃信念，不因一时不爽而优柔寡断；不因一时失败而气馁消沉。逐步培养学生意志的自觉性、果断性、自制性和坚持性，以形成良好的意志品质。

4. 加强学生情感的培养

作为教师要做到热爱学生，善于与学生交朋友，关爱学生，在心中牢固树立"学生是顾客"的教学理念，针对职业学校学生文化基础差、厌学情绪较严重等普遍现象，要更有爱心和耐心，用我们每一个人的实际行动为学生营造一个良好的学习、生活环境，以此来赢得学生对学校、学习的喜爱和安心，做到以情育情；同时，在教学过程中，作为教师要运用简练、幽默的语言，采用灵活多样的教学方法和手段，完成预期教学目的和任务，激发学生积极、自豪、愉快的情感，做到以教育情。总之，教师对待学生要做到：晓之以理，动之以情，持之以恒，导之以行，达到以教育情、以情育情、情感共鸣。

5. 加强良好性格的培养

性格是指表现在人对现实的态度和相应的行为方式中的比较稳定的、具有核心意义的个性心理特征。性格的形成需要以一定的能力为基础，同时能力的发展又受到性格特征的影响。坚强的性格能够促使智力开发和才能的发展，而不良的性格对学生的智力开发和能力的发展产生不良影响，甚至阻碍作用。

学生的性格差异是复杂、多样的。当然，性格具有可塑性，是完全可以加以培养的。培养学生的性格，首先要培养学生具有正确的世界观、人生观，其次通过各种有目的、有计划的课外活动参观学习、生产实习等实践活动，培养学生的积极性、创造性、独立自主的精神，再次通过心理素质教育、集体主义教育等来培养和发展学生的良好个性，培养学生的自信心、自尊心及好胜心。对学生的缺点不要过多地苛责，要通过发现学生闪光点，采用暗示、表扬、激励的方法，使学生看到自己的优点，以增强其自信心。教师只有了解学生的性格特点，摸透学生的"脾气"，采用既有原则又有灵活性的教育教学方法不断对学生进行启发式教育，鼓励他们严格要求自己，加强自我修养，形成良好的性格。

综上所述，加强重视培养学生的动机、兴趣、情感、意志和性格等非智力因素，对于提高教学效果，取得成功教育具有非常重要的意义。在学生的成长过程中，非智力因素所起的作用是不可低估的，更不可忽视。

一个人的非智力因素得到良好的发展不但有助于智力因素的充分发展，还可弥补其他方面的不足。一个智力水平较高的人，如果他的非智力因素没有得到很好的发展，往往不会有太多的成就。相反，一个智力水平一般的人，如果他的非智力因素得到很好的发展，就可能取得事业上的成功，做出较大的贡献。这些非智力因素，在人才的成长过程中，有着不可忽视的作用。有的学生学习不好，并不是智力低下，而是非智力因素影响所致。因此，注重非智力因素的培养是提高学生素质的重要手段。那么，教师在教学过程中应从哪些方面培养学生的非智力因素呢？作为中等职业学校教师，首先要了解中等职业生的心理特征，才能做到有的放矢。

1）中等职业生的心理素质特征

学习是学生第一要务和主导活动，职校生的身心发展也主要是通过学习来实现的。职校教育阶段是职校生学习与发展的重要时期、黄金时期，而学生心理问题也是职校生最普遍、最常见、最突出的心理问题。中等职业学校的学生一般是中考后半段考分的学生，学习上的差生、品德上的差生和行为上的差生成为现阶段中等职业技术学校学生构成的主要成分，年龄一般在 15～18 岁，正值青春期或青年初期，这一时期是人的心理变化最激烈的时期，也是产生心理困惑、心理冲突最多的时期。职校生中的大多数是基础教育中经常被忽视的弱势群体，这也决定了他们的心理问题多发易发而且日益复杂，是一个需要特别关注的特殊群体。

中等职业生的心理素质特征主要表现如下。

（1）缺乏学习动机和积极的归因模式。奥苏贝尔指出："动机与学习之间的关系是典型的相辅相成的关系，绝非是一种单向性关系。"成就动机强的人对学习和工作都非常积极，对事业富有冒险精神，并能全力以赴，希望成功；他们希望得到外界的公正评价，并不过分重视个人的名利；这些人能约束自己，不为周围环境所左右；他们把成败常归于自己能控制的主观因素，如个人的努力程度；他们倾向于对未来成就抱较大的希望。学业不佳的学生，或归因于自己能力低，从而丧失学习兴趣，产生自卑感，最后厌学弃学；或归因于教师能力差，水平低，教法不当，讲得不清，板书不细；或归因于课堂纪律不好，没有良好的学习环境和积极向上的学习气氛；也有学生是因过早偏科，重文化课轻专业课，从而缺乏学习专业知识技能的动机。

（2）学习目标不够明确。不少职校生对进入职业学校学习自信心不足，甚至没有学习的近期、中期和远期目标，因而学习态度不够认真，只求能够过得去，甚至是得过且过。

（3）学习方法不当，学习习惯不良。不少职校生在初中阶段就没有养成良好的学习习惯，不知道怎样学更科学、更有效。没有掌握基本的学习策略，因为不会学因而学不好，对某些学科、课程的学习有明显的厌学情绪和行为，由学不好到不愿意学，最后发展到厌学、逃学。

(4)缺乏理想和追求。不少职校生在进入职业学校时就觉得自己是被淘汰的或者被遗弃的人，认为自己是将来没有出息、事业上难有作为、几乎没有什么希望的人，往往表现为精神萎靡不振，政治思想上不求进步，学习上不思进取，生活上自由散漫。一些职校生抱着混世度日的心态打发人生，甘愿沉沦，听天由命。

(5)社会适应能力较弱。现在的职校生由于受到来自长辈的过分关爱，依赖性强，生活自理能力差，难以顺利适应职业学校的集体生活。

2)重视非智力因素的培养

国务院关于《中国教育改革和发展纲要》中指出："我国职业教育的培养目标应以培养社会大量需要的具有一定专业技能的熟练劳动者和各种实用人才为主。"以此培养目标为指导的中等职业教学目标必然要求培养大量具有实际动手能力、操作能力的生产、服务、经营、管理等第一线专门技能型人才。在进入 21 世纪的今天，时代的进步、科学技术的飞速发展使得我们不得不去思考传统的职业教育体系还能走多远？是否还能够满足时代的需求和未来职业的发展？要培养和塑造出适应时代的职业人才，非智力因素的培养自然成为现代职业教育的重要手段。以下是我个人对中等职业生非智力因素培养的一点浅见。

(1)建立平等和谐的师生关系：教师与学生是中等职业教学中不可或缺的两个主体，两者配合的协调与否将直接关系到中等职业教学的效果。师生教学间的平等民主，为学生的学习和个性发展创造了一个良好的条件。在师生关系中，教师是矛盾的主要方面，师生关系的好坏关键取决于教师。因此，教师应当主动地维护和发展平等合作的师生关系。对传统教学体系下的教师来说，必须放弃陈旧的教学观念，放弃教师权威的思想，加强自己与学生的思想沟通，及时掌握学生的思想变化，作学生的知心朋友，使学生的个性得到充分、自由、健康的发展。

(2)培养学生的学习兴趣："兴趣是创造一个欢乐和光明的教学环境的主要途径。"它能让我们进入科学的大门。

① 上好每一节课。第一印象在心理学上称为系列集团效应或首因效应。专业课教师与学生第一次接触要重视专业课的入门教学，在课程的绪论部分，要生动讲述该学科的产生、发展、应用及由此产生的影响。第一印象要激起学生的学习热情，激发学生学习专业课的兴趣，产生探索专业课奥秘的欲望。教学中要给学生惊喜、新奇、实际之感，专业理论要和实践相结合，多联系生产生活。

② 一方面，要求学生有积极的学习兴趣，把学习变成自己的愿望，也要求教师要有长远的目光，让学生自己解决问题并发挥学习者的想象力。另一方面，在技能的形成过程中练习是必不可少的。教师应及时了解学生的个别差异并认真地分析其产生原因，针对各种差异采取不同措施。因为技能形成不仅取决于练习的数量，还取决于学生本身的条件和特点。

(3)注重操作技能训练。所谓操作技能是按一定要求完成操作程序的能力，具体归结到职校教学中就是指运用所学专业知识进行严格训练，熟练而准确地完成特定任务的能力。判断操作技能是否形成的依据是必须了解学生在学习操作技能前学会了什么，学习后又掌握了什么。职业教育强调能力的培养，特别是学生实践能力的培养。因此，教师应突出实践教学环节，加强理论联系实际，经常带领学生深入工厂、车间，让学生实实在在地体验生活，自己动手，真正掌握一定的操作技能，并引导学生如何应用所学过的知识来解决实际问题。

(4) 充分发挥学生的主导作用。在智能发展上，学生应自主和独立，学生要成为学习的主体，充分发挥自己的自主性和能动性，主动参与教学活动，自觉进行学习和自我教育，充分表现自己的创造才能；教师要积极引导学生的独立发展，不必强求全体学生一致，使每个学生都能学有所得，实现自我发展。把中等职校生真正培养成为社会需要的高素质的技能型人才。

(5) 树立差生也能成才的观念。在思想方法上要转变教育观念，用辩证的观点对待差生。首先，要坚持历史的观点。随着我国经济的发展，社会在向前发展，同样，人类也在向前发展，差生也是如此，因此我们决不能用"今不如昔""很难教育的一代"等诸如此类的话来讽刺差生；其次，要坚持全面的观点。用一分为二的辩证法来分析差生，相信差生有坏的一面，同样也有好的一面，例如，差生在思想上也有进取精神，在学习上也有渴望新知识的意念等；最后，还应坚持发展的观点。差生并非永远是差生，差生也有可塑性，也有成才的可能，教师应转变教育观念，"俯首甘为孺子牛"，坚信"你的教鞭下有瓦特，你的冷笑中有牛顿，你的讥笑中有爱迪生"。以此树立信心，从而挖掘差生的潜力，并充分发挥他们其他方面的长处，而不能对他们产生偏见或歧视，要做到眼中无差生，这一点从理论上讲是非常容易的，但在实际教学工作中，并不是所有教师都能做到的。

(6) 建立专题研究为中心的学习模式，开设内容丰富的研究课。研究型学习是培养学生创新能力的一个良好途径。例如，自制实验模型，在"机械原理"中制作四杆机构及其演变模型，了解各机构结构、工作原理、运动规律。在"电工学"中通过归纳各电路解法，掌握复杂电路电流、电压的解题模式，"电子线路"中通过对整流电路的分析掌握各电路的计算规律，教师在研究性教学中不断设计具有争论性、实践性、挑战性的主题研究项目，学生自己学习有关的知识和内容，或个人学习或小组研究，这不仅可以巩固所学知识，形成并提高技能，而且能进一步激发学习兴趣，增强学习动机，促进学生的创新学习。

总之，在中等职校的教学中必须重视操作技能的重要性，掌握操作技能的形成过程及特点，使中等职校生走出传统教学的旧格局。在尊重和信任的基础上提出严格的要求，才能促使学生克服困难，自觉地履行要求，逐渐形成坚强的意志和性格，使他们朝自身认知发展的正确方向前进，实现其人生价值追求。职校生是一个不容忽视、不可小视的社会群体，应该是富有活力、充满朝气的青年群体，也必定是未来社会发展进步和城乡建设的生力军。

思 考 题

1. 简述机械工程专业的技术特点。
2. 简述机械工程专业教师的能力标准。
3. 简述中等职校生的非智力因素的特点。
4. 简述机械工程专业发展的现状与趋势。
5. 简述适合中等职校生学习的专业教学法。

第3章 机械工程专业的教学内容和教材分析

机械工程专业毕业生主要面向企业，一般在生产第一线从事机电设备安装和维修工作，其主要业务范围是：从事机电设备的安装、调试、保养、维修、管理、操作、生产等工作，也可从事与机械工程专业相关的技术工作，设计一般安装或修理的工艺装备和零件测绘。

从职业岗位对知识和技能分析入手，计划经过3~5年的努力，对教学内容、课程体系、教学手段、教学方法及考试办法进一步深化改革，构建主动适应21世纪需要、体现本专业特点、科学实用、符合人才培养目标的人才培养机制，使学生具有合理的知识、技能和素质结构，增强在人才市场上的竞争力。

全面贯彻党的教育方针和教育部制定的有关中等职业技术教育的文件精神，以注重素质、突出应用、强化实践、培养能力、产学合作、争创特色为指导，体现人文精神和科学精神的结合，围绕机械工程专业技能的形成去构建教学模式和运行机制，使机械工程专业具有鲜明的中等职业教育特色。

3.1 典型职业任务分析和教学目标

根据培养中等职业技术应用型人才目标的要求，以工程素质和技术应用能力培养为主线，在理论方面强调以应用为目的，以必需、够用为尺度，在专业方面突出针对性、应用性和实用性，打破多年形成的基础课、专业基础课、专业课"老三段"的教学模式。对理论教学体系进行整体优化，建立与专业培养目标相适应的实践教学体系。根据市场需求及机械行业特点，以"立足岗位，注重素质，突出应用，强化实践，培养能力，产学合作"为指导思想，形成宽基础、活模块的新型教学运行机制，使机械工程专业具有明显的中等职业教育特色。

(1)应具有一定的政治理论基础，良好的思想道德、职业道德、法律知识，具有为社会主义现代化建设艰苦奋斗的实干精神；具有不断追求新知识、实事求是、独立思考、勇于创新的科学精神；具有社会主义市场经济观念、法制观念和爱岗敬业的意识。

(2)掌握机械制造厂、各类机械设备维修厂中的机械加工技术人员所必备的基础知识、基本理论和基本技能，具有运用所学知识分析、解决实际问题的能力、自学能力、获取信息的能力和初步的经营管理及组织管理能力。掌握一定的数控加工、自动检测、设备控制、CAD/CAM等现代化制造技术知识和技能。

(3)具有较扎实的自然科学基础，较好的人文、艺术和社会科学基础及正确地运用本国语言的表达能力。

(4)具有必备的知识素质，掌握本专业高等技术人员所必需的文化基础知识和专业知识，并且受到与专业相关的多学科的基本理论知识教育，了解其科学前沿及发展趋势，增强学生适应未来社会发展的能力。

(5)具有意志品质、社会行为能力、合作能力。

(6)能熟练掌握英语，能较熟练地阅读专业英文书刊。应熟练掌握计算机操作和应用，至少掌握一种计算机语言。

(7)具有一定的体育卫生基础知识和运动技能,具有从事未来职业所必需的健康体魄以及适应环境的能力,具有一定的艺术鉴赏能力和健康向上的审美意识,具有健康美好的心灵。

(8)获得必要的资格证书。

3.2 教学重点内容选择

教学重点内容应根据机械工程专业能力标准来选择,设置专业必修课程部分内容和专业选修课程部分,专业选修课程部分主要用于突出本校特色、适应地区经济发展对人才的要求、拓宽学生知识面、提高学生综合素质而增开的一些课程,也可用于强化统一要求部分的某些课程。

1. 专业必修课程部分

1)通用机械设备(44 学时)

本课程主要讲授起重机、空压机、风机、泵、内燃机等通用机械设备的主要性能、结构特征以及常见故障的分析和排除方法,使学生掌握通用机械设备的基本知识,能正确选择、合理使用、维修、保养、安装、调试通用机械设备。

2)设备电气控制与维修(电气运行与控制)(56 学时,实训专用周 1 周)

本课程主要讲授机械设备常用低压电器和可编程控制器的结构、原理、型号和规格,以及其选择、调整和使用方法。掌握继电器—接触器控制系统的基本环节,熟悉几种通用机械设备电气控制电路。使学生初步具有对常用机械加工设备、通用机械设备等常见电气故障进行分析和处理的能力。

3)机电设备维修与管理专门化

(1)机械加工(86 学时)。本课程讲授金属切削机床的主要性能、结构特征、常见故障分析与排除方法、切削原理、刀具的基础知识、零件表面的加工方法、工艺规程的编制、典型零件加工工艺、夹具设计的基础知识以及机械加工质量分析等内容。使学生能正确选用、合理使用、维护保养、调试常用金属切削机床,掌握机械加工工艺的基本知识,初步具有编制简单零件加工工艺的能力,并能根据工艺要求正确选择和使用常用的工艺装备。

(2)机械设备修理工艺(94 学时,课程设计专用周 2 周)。本课程主要讲授设备修理、零件测绘、零件修复技术的基本知识及典型零部件的拆卸、修理、装配、调试和验收。初步掌握典型设备修理工艺规程的编制方法,掌握零件测绘的基本方法和零件修复技术,能正确选用工、检、量具,并了解先进加工技术在设备修理中的应用,初步具有分析和解决设备修理中技术问题的能力。

(3)设备管理(66 学时)。本课程主要讲授机电设备管理的基本知识。主要内容包括:设备的分类及前期管理,计划、润滑、备件等管理,设备的使用与维护、修理、更新改造、技术经济分析以及计算机辅助设备管理等知识。使学生初步具备运用技术经济分析的原理和基本方法、初步具备设备现代化管理的能力。

4)工业设备安装专门化

(1)机电设备安装工艺(100 学时,课程设计专用周 1 周)。本课程主要讲授机电设备安装工程施工中的技术测量方法及相关计算,金属切削机床、工业锅炉、活塞式压缩机、桥式起重机、垂直升降式电梯等典型机电设备安装工艺及钢质结构件、大型容器的安装工艺。使学生熟悉工程测量常用仪器的原理、测量方法及相关计算,掌握上述机电设备安装的基本工艺过程,了解钢质结构件和大型容器的安装工艺。

(2)管道安装工艺(86 学时,课程设计专用周 1 周)。本课程主要讲授工业与民用管道工程特点,常用管材及管路附件特点、规格和用途,常用工具的作用及使用方法,管配件的展开放样与制作,管道系统的防腐与保温,以及室内外各类管道系统的安装工艺等知识。使学生掌握相关的计算、制作方法及施工工艺。

(3)安装施工组织与管理(55 学时,实训专用周 1 周)。本课程主要讲授机电设备安装工程施工组织的基本理论和一般规律,初步掌握设备安装工程施工组织的设计方法、基本内容、设计示例及其理论计算,以及设备安装工程施工计划、管理、定额及概预算、招投标与施工合同、工程监理的基本知识,使学生能初步运用所学知识,进行设备安装的施工组织、设计与管理。

2. 专业选修课程部分

1)设备状态监测与故障诊断(60 学时,实验专用周 1 周)

本课程主要讲授设备状态监测与故障诊断的基本知识、方法和手段;各种动态物理量测试的基本知识;状态监测中常用仪器的基本原理及使用方法,了解常用典型零部件的故障特征。具有借助各种测试手段对机械设备进行监测与故障诊断的初步能力。

2)市场营销学(50 学时)

本课程主要讲授市场调查与预测、目标市场、市场营销组合策略、营销业务等内容。要求学生掌握市场营销的基本原理、内容和方法,具有获取市场信息的能力,初步编制营销计划、制定营销组合策略、搞好产品推销的能力。

3)数控机床(50 学时)

本课程主要任务是使学生掌握数控机床的工作原理、传动结构、数控机床的使用和维护方面的基本知识。

4)机械 CAD(50 学时,实验专用周 1 周)

本课程主要介绍机械 CAD 系统软件的组成,介绍一两种通用软件,使学生初步了解机械 CAD 系统中的设计过程;了解二维、三维图形处理的过程与方法。

5)机电设备安装概论(40 学时)

本课程主要讲授机电设备安装工艺的基本内容和安装工艺过程、起重搬运的基本知识、安装技术的质量要求及检测方法、安装工程施工与管理的基本知识。使学生掌握机电设备安装、调试及验收的基本知识。

6)设备起重与搬运(40 学时,实训专用周 1 周)

本课程主要讲授非标准设备制作、机电设备安装等工程中的零部件及整机的运输、装卸、吊装、竖立工艺,各类起重运输设备及其工具的结构、性能和使用方法,安全操作规程及要求,选型核算等知识,初步培养学生根据设备的形状、结构、重量,编制合理的运输方法、装卸方式和吊装方案的能力,并初步具有解决一般设备安装工程中起重与搬运施工的实际问题。

7)电气设备安装工艺(50 学时)

本课程主要讲授变(配)电所、车间电力设备、电力线路、防雷接地等电气工程的安装方法、步骤以及操作规程、调试验收等内容,使学生基本掌握各类电气工程的安装操作规程及调试方法，掌握竣工验收的方法和规程，初步具有电气设备安装调试、故障分析处理的能力。

8)专业英语阅读(30学时)

本课程主要通过专业文献阅读的强化训练，培养学生阅读和翻译与本专业有关的英语技术资料的能力。

注：机电设备维修与管理专门化还可选修"机电设备安装工艺""电气设备安装工艺"课程，工业设备安装专门化还可选修"机械设备维修工艺""设备管理"课程。

3.3　教学内容的组织

教学内容要以岗位职业能力为目标，以基于工作过程的任务为载体，按照技术领域和职业岗位(群)的任职要求，参照机械工程相关的职业资格标准确定教学内容，使教学内容与实际工作一致。部分课程模块内容与学时分配见表3-1。

表 3-1　课程模块内容与学时分配

模块名称	学习情境	学习内容	学习目标	学时分配	
				讲授	实践
模块1： 机械零部件的测绘与维修	1. 轴传动的测绘与维修	1. 零部件精度检测方法 2. 轴传动的实测与绘图 3. 轴传动常见故障及维修	1. 掌握零部件精度检测常用方法 2. 正确测绘出传动轴零件图 3. 掌握传动轴常见故障及维修方法	4	4
	2. 变速齿轮的测绘与维修	1. 变速齿轮的加工工艺及结构特点 2. 齿轮的实测与绘图 3. 变速齿轮的故障原因及处理	1. 能编制加工工艺规程 2. 正确测绘出齿轮零件图 3. 掌握变速齿轮常见故障及维修方法	2	6
	3. 刮板输送机的减速器常见故障及维修	1. 减速器常见故障内容及原因 2. 减速器常见故障的处理	1. 掌握减速器常见故障内容及原因 2. 掌握减速器常见故障的处理方法	2	4
	4. 刮板输送机的维护及故障处理	1. 刮板输送机的组成 2. 刮板输送机工作过程 3. 刮板输送机操作方法 4. 刮板输送机的维护及故障处理	1. 了解刮板输送机工作过程 2. 掌握刮板输送机基本操作 3. 掌握刮板输送机的维护及故障处理方法	选修	
模块2： 机械设备的拆卸与装配	1. 车床主轴箱的拆卸与装配	1. 车床主轴箱中典型机械结构及工作原理 2. 机械装拆的基本方法 3. 手柄操作机构、传动轴、齿轮的拨叉零部件、箱体外零部件的清洗与装配 4. 试车、调隙	1. 掌握机械装拆的基本方法 2. 能正确拆卸、清洗、装配车床主轴箱 3. 掌握车床主轴箱中相对运动机件间的运动间隙的调整方法和调隙量的确定	4	6
	2. 柴油机配气机构的拆卸与装配	1. 配气机构的作用、构成 2. 配气机构的各零件的构造与装配关系 3. 配气机构各零件的检查与修配 4. 配气机构的装配、调整	1. 掌握配气机构的作用 2. 掌握配气机构拆卸与装配方法 3. 掌握配气机构的故障分析方法 4. 能够遵守操作规范，使用相关技术资料	2	6
	3. 柴油机供油系统的拆卸与调试	1. 供油系统的作用与构成 2. 供油系统的各零件的构造与装配关系 3. 供油系统各零件的检查与修配 4. 供油系统的装配与调整	1. 掌握供油系统的作用 2. 掌握供应系统拆卸与装配方法 3. 能够对供油系统进行检测 4. 能够调试供油系统的工作状态	2	4
	4. 农机设备拆装	1. 碾米粉碎打浆一体机的装调 2. 水稻微型收割机的装调	能够进行常用农机设备拆装与调试，服务地方经济	选修	

续表

模块名称	学习情境	学习内容	学习目标	学时分配	
				讲授	实践
模块3：电气系统的维修	1. 电控柜的装配	1. 电气控制线路设计 2. 元器件选用 3. 安装、布线工艺 4. 调试	1. 具有电气控制线路一般设计能力 2. 能正确选用元器件 3. 能按工艺要求合理布线 4. 能进行调试和纠错	2	6
	2. 机床电气故障分析与维修	1. 分析电气控制原理图的方法和步骤 2. 机床常见电气故障的排除方法	1. 具有阅读和分析电气控制原理图的能力 2. 机床常见电气故障分析和排除的能力	2	6
模块4：典型机电设备的维修	1. 普通机床整机的维护与维修	1. 根据厂商资料确定检修原则和范围 2. 列举机电维修工作和事故防护的有关规定 3. 列出需要的原料和零配件 4. 电气功能部件的维修 5. 机械功能部件的维修 6. 安装规范	1. 培养学生的团队协作和计划组织能力 2. 掌握机床机械部件装配技能、电气连接和系统调试技能 3. 熟悉机床电气和机械故障诊断和排除技能 4. 形成工作过程中的安全环保意识	4	6
	2. 数控车床的装配、调试与维修	1. 数控车床的机械装调 2. 数控车床的机械维修 3. 数控车床的电气装调 4. 数控车床的电气维修 5. 数控车床的机电联调	1. 培养学生的团队协作和计划组织能力 2. 掌握数控机床机械部件装配技能、数控机床电气连接和系统调试技能 3. 熟悉数控机床故障诊断和排除技能	6	12
小计				30	60
总计		96 课时（含机动 6 课时）			

3.4　实践教学及要求

实践教学包括实验(实验专用周)、课程设计、基本技能实习、专业认知实习、毕业综合实践等环节，是学生获得基本技能的训练手段，是形成专业实践能力的重要教学环节，必须高度重视，并采取措施予以切实保证。

1. 统一要求部分

1)实验(含实验专用周)

实验是理论联系实际、培养学生动手能力和科学素养的重要教学环节。根据不同课程情况，实验有两种安排：一是将实验安排在相应的章节讲授完毕进行；二是在学完或即将学完某一课程并进行了一些实验的基础上，集中一周(实验专用周)实践。在相应的实验室里进行。

本课程设置安排"机械基础"(极限配合与测量技术)、"设备电气控制与维修"课程开设实验专用周。主要是在教师的指导下，按实验指导书要求，独立完成实验的全过程，目的是使学生成为实验领域的实践者和积极探索者，训练学生调试、操作实验设备、仪器的基本技能以及数据处理、分析实验结果的能力，并培养严谨的实验习惯。实验占重要地位的课程和开设实验专用周的课程，实验要单独考核，成绩列入学生成绩册。实验在各门课程教学基本要求中要作具体的规定。

2）基本技能实习

基本技能实习包括钳工实习、机加工实习、焊接实习、机械拆装实习、电器装修实习和机械设备大修实习等，计 12 周。

通过实习，使学生了解机械加工常识，建立机械设备维修与管理的整体概念，使学生获得有关维修与管理的基础知识，进行中级技术工人必需的基本操作训练。基本技能实习应以培养基本技能的实习为主，通过钳工、铲刮、焊接、机械加工、机械设备拆装、机械设备电气控制系统装修等实习环节，使学生具有修理及加工方面的基本操作技能及基本知识。

每次实习完毕，必须进行操作及理论考核，同时结合学生实习中的工作情况，评定总成绩，列入学生成绩册。

3）专业认知实习

专业认知实习是在学生开始学习专业课时，安排在校外工厂（有条件的学校也可在校内实习工厂）完成的实践性教学环节。主要目的是使学生了解工矿企业的生产概况、生产过程、设备维修、设备管理、产品装配以及企业生产组织和车间管理的一般情况。以获得本专业较全面的专业知识，初步培养观察分析生产现场常见的设备故障、设备维修方法，了解生产的组织、管理形式，为后续专业课学习打下良好的基础。

专业认知实习一般应选择生产技术和管理水平较为先进的工厂为基地，并根据工厂的具体情况，制定出详细的实习指导书。专业认知实习安排 2 周为宜。

专业认知实习中，要对学生加强纪律教育、劳动教育、安全教育、职业道德教育和集体主义教育。对学生的表现和实习报告要作全面考核，成绩列入学生成绩册。

4）课程设计（含制图测绘）

课程设计和制图测绘是学生学完某课程之后，运用所学课程的基本理论，在教师的指导下进行的实践性教学环节，其主要任务是培养学生综合运用所学的知识，进行调查研究、方案论证、工程计算、结构设计，并同时培养学生查阅和检索有关设计手册以及有关技术资料进行图样表达的能力，使学生具有正确的设计思想和良好的工作作风。

在本课程设置统一要求部分中，安排"制图""机械基础"进行课程设计，在机电设备维修与管理专门化中安排"机械设备修理工艺"进行课程设计，工业设备安装专门化安排"机电设备安装工艺""管道安装工艺"进行课程设计，计 4 周。

课程设计应有设计指导书，内容包括设计目的、任务、选题类型，具体要求及工作进程等。

课程设计要单独考核，成绩列入学生成绩册。

5）毕业综合实践（包括毕业前专业技能的强化训练、毕业设计）

毕业综合实践是培养学生综合运用理论知识和专业能力的重要环节，使学生接受一次上岗前的能力强化训练，进一步培养学生的动手能力和专业适应能力。毕业设计的选题要结合生产实际，力争使毕业综合实践（毕业设计、论文）与技术服务相结合，并注意引导学生对设计项目进行技术经济分析。

毕业综合实践 7 周（其中专业技能的强化训练 4 周），学生成绩应根据毕业综合实践的难度、质量及答辩水平，进行综合评定，列入学生成绩册。

2. 学校自主安排部分

根据教育部"教职成[2000]2 号文件"中的规定，学校可以灵活安排的教学或活动时间为 3 周。主要用于体现专业特色、拓宽专业实践领域的知识面和强化实践技能。

推荐项目如下："数控机床"实验专用周 1 周；"机械 CAD"实验专用周 1 周；"设备验收、安装、调试实习"实验专用周 1 周；"设备起重与搬运"实验专用周 1 周；"施工组织与管理"实验专用周 1 周。学校也可根据自己的实际情况，另行安排其他教学活动。

3.5　教学内容的组织与改革

建立新的理论教学体系，改革传统的学科型教学体系，新的课程体系以能力培养为核心，按照"三个有利于"的原则，即有利于学生基本素质的提高，有利于学生职业能力的培养，有利于教育教学规律的贯彻，形成新的教学大纲和教学计划。

建立与本专业培养目标相适应和新的理论教学体系相衔接的实践教学体系，根据本专业培养目标和人才规格的定位，要求学生具备很强的应用性技术能力和现场操作技能，就业后能直接上岗。因此，增加实践教学在培养计划中应占整个教学活动总学时的 40%以上。

加强毕业生应用技术能力和现场操作能力培养，增加实训和实践环节，充分利用校内外实习实训基地，加大应用能力培养力度，实行"双证制"。

建立培养人才的知识、能力和素质结构，在设计本专业的教学方案时，全面贯彻"必需、够用"的原则和以"应用为主线，以能力为中心"的指导思想，以文化基础知识为前提，以专业技术能力为重点，以相关知识为辅翼，做到文化和理论知识面宽厚，专业技术知识专精，并强调一专多能，相关知识要实用。

1. 理论课程体系的整合与教学内容改革

根据培养高等职业技术应用型人才的目标要求，在理论方面强调以应用为目的，以必需、够用为度，对理论教学体系实行整体优化，将理论教学内容分为两大模块，即综合能力素质课和职业能力素质课。综合能力素质课满足学生应用职业岗位技能所必需的基本概念、基本原理和基本方法的要求，培养学生掌握科学思维及解决实际问题的方法，同时兼顾学生文化素质的教育。职业能力素质课教会学生掌握从事职业岗位所必需的科学原理、方法及使用这些原理和方法的分析、判断，解决生产一线实际问题的能力。

2. 实践教学体系的整合与实践内容改革

1) 实践教学体系的整合

按实验技能训练、操作技能训练、岗位单项技能训练、岗位综合技能训练四个模块，对整个实践教学体系进行了调整与整合。实践教学体系应遵循技术教育循序渐进的原则，从简单到复杂，从一般到先进，从单一到综合，使学生逐步掌握知识岗位群要求的职业技能，初步具备本专业要求的综合实践能力。

2) 实践教学内容的改革

一是淡化了实验，去掉了一些纯理论验证性实验，增加了工艺性、操作性、综合性方面实验实训项目，强化了实验方法、动手能力与分析能力的培养。二是对主干课程都增设了实训周，即技能课程。三是对原来的实习内容进行了调整，如制图课的装配体测绘与计算机绘图实训周结合起来等。将毕业设计改为毕业实践。调整后的实践教学环节占教学总周数的比例达到 47%。

3. 专业教学内容和课程体系改革特色

(1) 创建了"一主线、两加强、三对口、四兼顾、五模块、六方向"的人才培养模式，具有鲜明的中等职业特色。一主线即始终贯彻基本素质和技术应用能力培养的主线；二加强即加强实践教育环节，加强新技术、新知识及创新能力的培养；三对口即基础课内容与专业课对口，专业知识与实际应用对口，实践技能与职业岗位群对口；四兼顾即机械技术与电子技术兼顾，冷加工与热加工兼顾，工程技术和人文素质兼顾，机械制造技术和通用机械兼顾；五模块即整个计划可分解为基础模块、制造模块、设计模块、检测模块、控制模块；六方向即坚持人才培养的生产现场的机械师、工艺师方向，机电设备运行与维护方向，数控加工等高智能设备应用方向，机械 CAD/CAM 技术应用方向，设备控制技术方向，模具设计与制造方向。

（2）专业整体框架本着使学生毕业时有较宽的择业途径，就业后适应性强、有发展后劲来设计。整体教学等分为前后两段：前段采用"大类化、宽口径"的培养模式，通过主干课程与相关课程涵盖必需、够用的知识点，使学生掌握中等职业层次要求的文化知识和专业基础理论；后段根据社会对专门人才的需求，将同一专业分解为六个专门化方向，使学生毕业前一年按照就业市场的预测信息和个人意愿，选择其中一个，接受针对性的教学和实训，以完成上岗前的知识与能力准备。

（3）拓宽专业口径，突出了针对性和实用性。根据对毕业生的社会调查和机电行业需求分析，本专业毕业生就业的主要业务范围是：从事机械制造加工工艺规程的编制和实施工作；从事机、电、液、气等控制设备的维护维修工作；从事工艺工装的设计、制造工作；从事数控机床、加工中心等设备的编程、调试、运行维护工作；从事机械 CAD/CAM 技术的应用工作；从事模具的设计、制造及有关工装的安装、调整、运行维护工作；从事机械加工的现场技术管理工作；从事机电产品的销售和技术服务工作。

（4）新的课程体系有利于保证培养目标的实现；保证了中等职业教育层次的准确定位；保证了良好的文化素质与科学素质的培养；以职业能力培养为主线，突出实践教学的课程体系，保证了中等职业特色的体现；实现了适应性与针对性的辩证统一；将学生在校的全部修理业时间都纳入了培养计划的整体规划之中，体现了课内与课外相结合的原则；原则性与灵活性相统一。

4. 专业建设途径和措施

1）校企联合，共同办学

校企联合、产学结合是本专业培养技术应用型人才的根本途径。以大中型企业为依托，建立多个校外实习基地，打破封闭式的课堂教学模式，实现"请进来，走出去"。一是聘请有丰富实践经验的工程技术专家到学校为学生讲课，指导实习和设计、参加教学考核等；二是让企业参与培养计划的制定和修订，使培养计划更切合实际，反映企业对人才素质和能力的需求；三是让学生和教师走向企业，加强工程和科研的锻炼。实行产学研一体化办学，通过科技服务和生产实践加强专业建设。产学研作为一种人才培养模式，教学是根本，产业是基础，科研是动力。

2）具体措施

（1）改革教学方法，采用现代化教学手段。①教学方法的改革。主要围绕启发式教学方法，与讨论法、设疑法、案例教学法等灵活结合、因材施教，注重学生个性的发展。②采用现代化教学手段，加强直观教学。③建立科学的考核体系，确保教学质量。对学生所学理论、思维创新能力、应用所学知识处理实际问题的能力等进行全面综合的考核。④把"双证制"培养目标纳入教学计划中。随着改革的进一步深化，特别是人事制度改革的进一步深化，对毕业生的就业要求越来越严格，相关手续越来越完备，要求毕业生就业不仅要有毕业证，还要有资格证。

(2)充分发挥专业教学改革指导委员会的作用。专业教学指导委员会与兼职教授是学校联系企业的纽带，是教学培养计划制定的参与者和实施者。根据教学改革的实际需要，每年召开 1～2 次专业教学改革指导委员会会议，聘请工程技术人员和管理专家参与，认真研究专业培养计划的制定和修改方案及课程设置问题，不定期地请企业中的兼职教师到校参与入学教育、毕业设计指导、毕业答辩、学术讲座等活动，与企业工程技术人员和管理人员密切合作。

(3)加强教材建设。根据培养计划的要求，按照"实际、实践、实用"的原则，切实加强教材建设，尽量选用适合本专业使用的高质量的中等职业国家规划教材。对没有合适教材的课程，将组织力量根据专业改革方案的需要自行编写部分教材或讲义，同时开发制作一批多媒体课件，提高教学水平。

(4)加强师资队伍建设。为适应中等职业办学需要，首先，重点培养中等职业专业学术带头人和教学骨干，形成层次结构。其次，要求没有企业工作经验的 45 岁以下的专业教师，每年至少到企业工作两周以上，逐步形成一支理论功底扎实、技术能力强，既懂教育规律，又对市场了解的"双师型"教师队伍。再次，通过各种方式提高教师学历、学术水平，计划在 3～5 年内，使本专业教师总数增加到 35 人，其中具有副教授高级职称教师比例达到 65%，具有硕士以上学历的教师比例达 70%，具有"双师型"素质的教师比例达到 75%以上。

(5)进一步加强实验室及实践教学基地建设，满足现有中等职业班实验实训与职业资格的要求。

3.6　机械工程专业教材分析

大多数中等职业学校机械工程专业选用的专业教材是教育部中等职业学校规划教材，一些学校还自编了各类实训教材，如电工实训教材、车工实训教材、钳工实训教材、焊工实训教材等。

教育部职业教育与成人教育司于 2000 年批准了机械工程专业 7 门主干课程，分别为"机械基础""液压与气动""通用机械设备""设备电气控制与维修""机械设备修理工艺学""设备管理""机械设备安装工艺"，该 7 门主干课程的教学大纲于 2000 年底由全国机械职业教育教学指导委员会审定通过，2001 年 7 月正式出版。

"机械基础"是将机械原理与机械零件、公差配合与技术测量课程统筹安排、有机结合而成的一门主干专业课程，主要阐述了常用机构和通用零件的组成、特点、选用及一般的设计计算方法，以及相关的公差配合及技术测量方面的基本知识。《机械基础》是面向 21 世纪中等职业教育国家规划教材，具有综合性强、配套性好、体系新颖、内容少而精、风格一致以及国家标准新等一系列特点。

《液压与气动》以应用为主线，以实用、够用为原则，在介绍液压与气压基本知识的前提下，结合生产实际和专业特点，强调常用液压、气动元件的结构原理和典型回路及系统的工作原理。同时，重点介绍典型液压元件和系统的常见故障诊断及排除方法。

《通用机械设备》共分六章，分别为起重机、电梯、泵、风机、空压机和内燃机。它的任务是使学生在学完本课程后具备该专业高素质劳动者和中初级专门人才所必需的通用机械设备方面的基本知识和基本技能；能正确选用、调试、使用、维修、保养常用的通用机械设备。每章后均附有适当的思考题，便于学生巩固所学知识。

《设备电气控制与维修》是中等职业技术教育机械工程专业的适用教材。全书共 6 章，主要介绍设备电气控制与维修的基本知识、三相异步电动机的电力拖动、继电器—接触器控制基本环节电路、常用机床的电气控制系统、桥式起重机的电气控制系统和可编程序控制器等内容，各章后均附有思考题与习题。《设备电气控制与维修》在深入调查研究的基础上，反映了近几年来课程改革的经验，适应经济发展、科技进步和生产实际对教学内容提出的新要求，注意反映生产实际中的新知识、新技术、新工艺和新方法。突出职业教育特色，紧密联系生产实际，具有广泛的实用性。

《机械设备修理工艺学》重点介绍设备修理的基本知识，设备修理中机床几何精度检验，零件测绘，零件修复技术，典型零部件修理、装配、调整，设备修理工艺等内容。全书共分 8 章，特点是设备维修基本知识与基本技能相兼顾，维修技术与应用实例相联系，其目的是使读者了解设备修理基本知识，学会设备修理基本技能，熟悉设备修理基本方法，了解新工艺、新技术、新材料在修理中的应用。该书实用性强，内容少而精。

《设备管理》根据设备整个寿命周期管理中的各个环节，系统地叙述设备的资产管理、前期管理、使用与维护、润滑管理、技术状态管理、维修、更新改造动力设备管理、备件管理以及网络计划技术等内容。还介绍设备管理的发展历史、发展趋势。内容简明扼要，语言通俗、流畅。教材紧扣科学技术发展的主题，将设备工程与管理领域的最新发展成果融汇其中，对设备管理中的部分内容进行更新。介绍计算机技术在设备管理中的应用，给计算机辅助设备管理下了明确的定义，并以设备的资产管理和备件管理为例介绍计算机辅助设备管理系统的应用与基本程序结构。

《机械设备安装工艺》是机械工程专业课程教学用书，书中介绍机械设备安装工程施工组织基本程序、测量、测试、起吊、搬运等基础知识；设备安装施工基本工艺；典型机器零部件安装工艺及金属切削机床、锅炉、电梯、桥式起重机、压缩机、金属储罐等典型机械设备安装工艺；典型设备安装中常见故障的诊断与排除方法等知识。本书遵循培养学生"具备高素质劳动者和中初级专门人才所需的机电设备安装工艺基本知识和基本技能，初步具备解决安装施工实际问题的能力"的教学目标。在介绍机电设备安装工艺知识时，注意结合近年来我国安装行业施工中新技术、新工艺、新设备的具体应用，突出了设备安装工艺过程的技术测量、吊装搬运、检验调试和试车运行等技能知识内容。该书力求做到文字流畅、准确、简练，符合国家最新规范要求，并注意结合中等职业教育特点，加强了实践教学内容，循序渐进，便于学习和掌握。

上述 7 门主干课程教材在中等职业学校机械工程专业教学中已经使用了将近 10 年，培养了一大批优秀的中等职业学校机械工程专业的技术人才。但是，随着科学技术的发展，科技知识的更新，教学方法的改进，上述教材也越来越不适应当前机械工程专业学生学习的要求。主要原因如下。

(1)教材内容陈旧。上述教材不能很好地体现行业、专业发展要求的"新理论、新知识、新技术、新方法"。

(2)教材体系不合理。上述教材层级不明显。

(3)教材可操作性不强。上述教材未采用理实一体化的教材编写模式，可操作性不强。

　　机械工程专业核心教材共两部，即《机电设备安装与调试技术》与《机电设备组装测试与故障维修》。

　　《机电设备安装与调试技术》主要介绍整体机电设备的安装与调试技术，课题组通过大量调研，对机电设备进行科学合理的分类，理清同类机电设备安装、调试的共性，不同类机电设备安装、调试的个性，并以实例论述机电设备的共性、个性，这样共性与个性结合，有利于对知识点和能力目标进行分析迁移，达到举一反三、触类旁通的学习效果。内容既体现了专业领域普遍应用的、成熟的核心技术和关键技能，又包括了专业领域的主流应用技术和关键技能，弥补了受训教师专业知识、实践技能需求缺陷，体现了行业、专业发展要求的"新理论、新知识、新技术、新方法"。教材三个层级培养分明，体现了中等职业教师业务发展和行业需求，体现了职业教育教学改革发展方向，适应性强，具有先进性。

　　《机电设备组装测试与故障维修》主要介绍机电设备的机械部件及控制系统的组装，含机械和电气故障，包括电气控制、PLC 控制、液压和气动、传感器控制、变频控制和数控技术。内容既体现了专业领域普遍应用的、成熟的核心技术和关键技能，又包括了本专业领域的主流应用技术和关键技能，弥补了受训教师专业知识、实践技能需求和缺陷，也体现了行业、专业发展要求的"新理论、新知识、新技术、新方法"。教材注重理实一体化，体现了中等职业教师所需要的多门学科、多项技术和多种技能有机的融合，突出专业实践能力的提高，以实际案例作为切入点，以图文并茂，以图代文的编写形式，降低了学习难度，并附有配套光盘，受训教师经过培养可垂手而得，教材三个层级培养分明，体现了中等职业教师业务发展和行业需求，体现了职业教育教学改革发展方向，适应性强，具有先进性。

思　考　题

1. 分析机械工程专业的典型职业任务。
2. 机械工程专业应开设哪些专业必修课程和选修课程？
3. 通过具体的实例说明机械工程专业教学内容的组织方法。
4. 为什么机械工程专业应特别注重实践性教学环节？
5. 机械工程专业核心教材是怎样反映本专业教学内容的？

第4章 机械工程专业的教学媒体和环境创设

4.1 机械工程专业的典型教学媒体种类和特点

4.1.1 教学媒体的概念

什么是教学媒体呢？首先，我们应搞清楚什么是"媒体"，教学媒体的概念可以从媒体的概念得出来。媒体是指承载、加工和传递信息的介质或工具，是人类信息交流的手段。

在这里有几个概念需要注意，首先是"信息"，然后是"介质"和"工具"。什么是"信息"呢？从广义上来说，信息就是消息、知识。你所读过的书，你所听到的音乐，你所看到的事物，你所想到或者做过的事情，这些都可以称为信息。例如，我们说"今天气温会很高，预报要达到42℃"，这就是一条信息，向大家传达"今天会很热"的意思。

那么什么是"介质"呢？我们知道，声音的传播需要介质，同样，我们人类信息的交流也要有介质，例如，"今天会很热"，是通过语言向大家传递"今天会很热"这条信息的，"今天会很热"本身所传达的内容就是"信息"，而我是借助语言来传达这一内容的，语言就是承载这种信息的介质。信息和介质是不同的，同一信息可以用不同的介质来传递，如刚才的信息，我们还可以用文字来传递，我不用嘴说，我在黑板上写大家同样可以获得这一信息。所以从广义上来说，语言、文字都是媒体。因此媒体有多种表现形式，文本(文字)、声音(包括语言)、图形、图像、音频、视频等。计算机可以处理多种媒体信息，因此我们常称具有处理多种媒体信息功能的计算机为多媒体计算机。对于工具，我们比较容易理解，如纸、笔是我们书写、记录文字的工具，磁带是记录语言、声音的工具。多媒体计算机是承载、加工多种媒体信息的工具。总之，可以用来承载、加工和传递信息的"介质""工具"，都可以称为媒体。但这里所理解的"媒体"侧重于媒体的工具性。

当某一媒体用于教学目的时，则称为教学媒体。由此，可以得出教学媒体的概念：教学媒体是指承载、加工和传递教学信息的介质或工具。例如，我们常用的粉笔和黑板，可以用来加工和传递文字形式的教学信息，因此粉笔和黑板就是教学媒体；录音机可以用声音来传递教学信息，电视可以用声音和图像来传递教学信息，多媒体计算机不但可以传递声音、图像、文本，还可以交互，这些都是教学媒体。传递信息是媒体的基本功能，教学媒体的基本功能就是传递和存储教学信息。由于教学媒体能以多种形式呈现教学内容，刺激学生的多重感官，通常认为是一种能够改善教学效果的有力手段。

4.1.2 教学媒体的教育功能

为了更好地认识教学媒体，下面对其进行了分类并具体介绍它们的功能。

根据媒体作用于人感官的不同，教学媒体可以分为视觉媒体、听觉媒体、视听觉媒体以及综合媒体四类。视觉媒体是指需要利用眼睛看得见的媒体，如书籍、黑板、挂图、模型、幻灯投影等。听觉媒体是指需要用耳朵听得到的媒体，如录音机、收音机、CD机等。视听觉媒体是指需要利用眼睛和耳朵两种感官的媒体，如电视机、录像机、影碟机等。综合媒体是指可以综合利用多种感官的媒体，它综合了前几种媒体的特点功能，不仅可以看、可以听，还可以视听结合，此外我们现代的计算机多媒体还具有强大的人机交互功能，如表 4-1 所示。

表 4-1　教学媒体分类及示例

教学媒体类型	教学媒体示例
视觉媒体	印刷材料、黑板、粉笔、实物、幻灯机、投影仪等及其相应的教学材料
听觉媒体	录音机、收音机、CD 机和相应的教学材料(磁带、广播、CD 光盘等)
视听觉媒体	电视机、录像机、影碟机和相应的教学材料(电视节目、录像带、光盘等)
综合媒体	多媒体计算机、计算机网络和相应的教学软件与资源

　　媒体有多种类型，它们都是传递、承载教学信息的工具手段。有效地利用这种手段、工具可以促进并优化我们的教学活动，那么利用媒体可以实现哪些教学功能呢？将其简单归纳为以下几种。

　　1. 展示事实，获得直观经验

　　视觉媒体：图片如机床的结构图，视频如各种机电设备的安装与维修过程等。

　　直观教学思想：早在公元 17 世纪，捷克大教育家夸美纽斯(被称为教育史上的哥白尼)，就提出"直观教育"的思想，认为感觉经验是人们获得认识和进行教学的基础，人的知识要从感觉经验中获得，直观的观察是人获得知识的重要途径。此后在教育领域中直观教学成为一种重要的教学原则并形成一种教育思潮。夸美纽斯声称："只要有可能就应当用感觉去接受一切东西，能看得见的东西用视觉；能听得见的东西用听觉；有气味的东西用嗅觉；能感触到的东西用触觉。如果某种东西能同时用几种感觉去接受，那就应当同时用好几种感觉去接受它。"原来我们说进行直观教学应用的媒体主要是模型、教具、挂图等，现在随着教育技术的发展我们可以采用多种媒体手段进行直观教学。这就是媒体的第一种教学功能展示事实，获得直观经验。

　　利用媒体手段，可以提供有关科学现象、事物形态、物质结构等事实，使学生获得真实的直观经验，便于识记。在现实的教学过程中有时很难向学生直接提供真实的事物，让学生去获得某种"直观经验"，这时我们就需要借助媒体手段了。例如：①大型机电设备(如液压压力机等)的故障诊断与维修，对于大多数老师和同学来说是很难见到一个真实的场景，我们可以通过媒体手段(观看录像等)来引入问题，引起学生的兴趣，启发学生思考。②讲授机电设备的组装，一些设备可以现场实施组装过程，但有一些设备使用相关的图片、视频。对于这些不可能让学生亲身经历、体验的某种事实或操作，我们就需要采用媒体手段，单纯讲授可能会显得抽象而枯燥，但如果制作成动画，效果可能就大不一样了。

　　2. 创设情境，建立共同经验

　　根据教学需要，利用媒体呈现相关情节、景色和现象的或真实或模拟的场面，创设情境，激活学生已有知识，建立共同经验。

　　在机械工程教学中，常常通过创造情境、设计语言环境、制造悬念，来激发学生学习兴趣。因为语言是客观情境的反映，没有情境就失去了语言的意义。在情境中理解语言知识和内容能使难点化易；在情境中讲解语言知识能突出重点和难点；在情境中进行操练能提高学生实践的质和量。而在创设情境时，利用图片、数据、表格、投影、录音、计算机等多媒体以及形体语言等都是可以设计不同课题、课型的有效方法。

例如：①教师可以利用课本的插图，或有关的幻灯片，还可以自己设计与课程相关的图文资料，就画面提出若干个问题引起学生兴趣，然后讲述课程的情境。②通过观看实操录像，将学生引入实操的场景。③利用一些实物模型进行表演式教学。这些都是我们日常教学中常用的行之有效的方法。图 4-1 就是一堂利用媒体环境来创设教学情境的机械工程课。掌握了教育技术的相关技能，运用一些软件，这些功能实现起来非常容易。

(a)

(b)

图 4-1　利用媒体环境来创设教学情境的实例

3. 提供示范，便于模仿

媒体的这一功能比较好理解，媒体可以提供一系列标准的行为模式，方便学生练习和模仿。例如，现在的一些视频教材，可以为我们提供一些非常标准的行为模式，运用这些教材再加以教师的课堂指导，既可以避免教师的重复劳动又可以获得更好的教学效果。

4. 呈现过程，解释原理

媒体提供某一典型事物的发生、发展和结束的完整过程，帮助学生理解典型事物的特性，发生和发展的规律与原理。特别明显的就是电视、录像、计算机多媒体等，可以向学生提供一些特别典型的视频资料，这样可以大大优化促进教学过程。例如，在机械工程课上讲解机电设备的保养内容时，我们单凭口讲，机电设备的保养分几个阶段，每个阶段怎样实施，还是觉得不够形象。如果加上一段视频，效果就不同了，学生可以看到机电设备在运行时各个阶段进行保养的内容、方法和步骤，这样一目了然，学生既学会了知识，又增强了兴趣。

5. 设置疑点，引发思考

媒体提供能引发学生思考的典型现象或过程，作为分析、思考和探究的对象。教学媒体一般都便于控制，我们可以在一些能引发学生思考的典型现象或过程之处，加入暂停或重复播放的控制，便于学生分析、思考、探究。例如，在视频媒体播放过程中，可在设置疑点处暂停，便于学生观察和思考。

媒体的发展，增强了人类认识世界的能力，扩展了信息传播的时间和空间，丰富了教育信息传递的工具。但我们应看到，各种媒体的特点不同，它们在信息传播和教育中的作用也有所不同，因此在教学中应用时就要有所选择。同时，在教学中应用媒体时还应考虑媒体与教学过程中其他因素的协调作用，只有讲究科学的方法才能提高教学效果。

4.2 机械工程专业的教学环境创设

教学环境是教学过程的重要环节，直接影响教学效果，创设好的教学环境需注意以下几个问题。

(1)学生的参与性。这点很关键，教学内容的呈现、情境的设计都要考虑学生的参与程度，要让学生在具体的情境中掌握知识，培养能力。

(2)教学内容的呈现方式。这是学生直接获得知识的环节，要注意呈现方式的灵活性，是否容易引起学生的兴趣，如通过多媒体、图片等来呈现。

(3)情境设计。要根据教学目的和教学内容来进行有目的地创设教学情境，增强学习的针对性，激发学生的学习兴趣。创设开放的、富有探索性的问题情境，发展学生的创造性，这也是素质教育新形势下的要求。

当然要取得更好的效果还需要我们在具体教学实践中摸索、总结。

当代教育改革非常关注课程、教师、学生，这些都是显性因素；但对于一些很重要的隐性因素，如教学环境的关注甚少，这是一个重大疏漏。如果我们想促进学生更好地思考、深度学习、小组合作或情境教学，必须精心考虑教学环境的创设。

传统的教学环境观认为，教学环境就是"学校建筑、课堂、图书馆、实验室、操场以及家庭中的学习区域所组成的学习场所"。这是一种静态的教学环境论。信息技术融入学科教育后，课堂环境发生了根本的变化。现代信息技术构建了一个多媒体、网络和智能相结合的个别化、交互式、开发性的动态教学环境，不单局限于"场所"，还是包含了场所在内的物理环境、资源环境和情感环境。物理环境是组织教学的物理空间，大到学校建筑，小到教室一桌一椅；资源环境是为实现教学目标的各种学习工具，如电教设备、计算机教学软件等；情感环境是在教学行动中进行沟通的氛围，如价值观念、人际关系、情绪氛围。传统的教学环境是工业革命时代的产物，现在，人类社会已步入信息社会，中等职业技术教育系统改革的成功也依赖于对整个教学环境进行重新创设的深刻思考。

4.2.1 物理环境

学校是学习深层次的沃土。据统计分析，学生 25% 的学习可归因于学校外在环境的质量。在学习的过程中，学生对学校形成了深厚的感情，这种感情是积极的还是消极的，将来的回忆是美好的还是平淡的，甚至他将来能成为什么样的人，等等，都受到学校物理环境的重要影响。但长期以来，除了幼儿教育，教育者很少真正关注物理环境对教学的影响。

其一是学校建筑。学校建筑自有其时代的内涵。英国在不同时期出现了不同的大学建筑风格。大学之母——牛津大学和剑桥大学称为"石头大学"，其优势是基础学科；工业时代的大学如伦敦大学是"红砖大学"，其长项是技术学科；20 世纪 60 年代的大学如东英吉利大学称为"玻璃房大学"，其特点是学科的交叉和融合。磐石之厚重沉稳与基础学科，红砖之统整划一与技术学科，玻璃房之开放透明与交叉学科，两两对应，大学内涵和建筑材料二者融合为一，堪称绝妙。同时，学校建筑负有教育的使命，它可以作为一种造型艺术，象征某种精神和理想，给人以启发和引导。学校在创设和布置教学环境时，如果能独具匠心，把各种教育意图寓于生动形象的教学环境中，那么学生也往往能受到熏陶和感化，产生"随风潜入夜，润物细无声"的教育效果。

但就教育价值观而言，学校建筑更应体现明确的价值导向。我们现在的学校建筑，大都植根于传统的知识传递模式的价值观，例如，基本材料都是不透光的砖石，教室基本呈盒状，设置孤立，教学功能单一，根本不是团队工作的场所。在建构主义理论者看来，学校应该是个三维课本，例如，走廊的垂直面和水平面可作为图片、学生作品和疑难问题的展示台，还可以在上面举行小型展览；窗户可以成为物理的光学课的演示中心。教室既可做独立学习之用，又应具有小组合作学习的功能。他们建议：①学校规模应更小；②教室面积应更小；③教室和办公室应便于小组合作；④各种设备应灵活，具有较强的适应力。应该将现在的教室重新设计，改造为适合团队工作的场所，包括配备专业办公设备的教师办公室、团队工作教室和各种大小不一的教室，既有大会议室，也有可安静学习工作的小房间。

其二是教室。作为一名教师，也许你没有机会设计整个学校的建筑，但是有权利对教室环境的组织作出日常的安排。例如，装饰教室，使之充溢人文或科学的精神，对学生的学习作较强的心理暗示；根据教学需要调整学生座位，四人或六人小组座位的环形或方形编排适合讨论与合作。这些因素影响生生关系和师生关系，进而影响教学的质量。

更重要的是设备和材料的正确放置与及时提供。学生之所以没有写作，可能是因为没有合适的写作材料或把写作材料放到不能随手可取的位置；学生之所以没有对摆放在教室里的植物产生兴趣，可能是因为没有相应的工具、材料或信息帮助他们鉴别、移植或记录植物在不同条件下的生长情况。学生之所以对一些问题讨论不够投入，可能是因为没有相关资料或教师没有适时提供。

研究课堂的组织形式也是非常必要的工作。不同的教师对课堂的教学组织有截然不同的看法。有的强调结构化，强调教师的控制；有的安排较松散，强调学生的自主控制。现行的课堂组织以前者为主。从现实来看，结构化的课堂组织往往显得呆板，缺乏生气。学生整天规规矩矩地坐着，面对自己的课本，几乎没有真正的讨论与合作，学习只是单个学生自己的事。产生于信息社会的建构主义理论更倾向灵活的时间和空间安排，课堂结构相对松散，强调合作，强调社会性学习，以问题或主题来组织学生学习。

总的说来，如果我们相信知识是学习者建构的结果，认知结构的发展是活动、资源和文化相互作用的产物，相应地就应当为学习者建构这样的教学物理环境：课堂组织松紧适宜，时空安排富有弹性，材料丰富，位置恰当，教室功能多样，具有开放性和合作性特征。

在机械工程课程教学时，教师一定要注意物理环境的创设，尤其是采用行为导向教学法时，我们需要小组讨论，方案确立，学生学习效果评价等，创设合适的物理环境对学生的学习能起到事半功倍的效果。比如，小组的安排，学习资料的张贴、多媒体汇报教室的利用等。

4.2.2　资源环境

物理环境只是物理设施构成的空间形式，而资源环境更多的是强调资源本身的有无以及适用与非适用。

资源是个笼统的概念，传统上把课程资源等同于教科书；近年来国际教育界课程资源概念的提出，凸现了课程改革与发展的新触角，提示教学工作者以更宏阔的视域来优化课程的实施。

一般而言，课程资源按功能可分素材性资源和条件性资源两种。前者指可以直接进入课程，成为课程素材或来源的对象，它们一般就是学生学习和掌握的对象，如知识、技能、经验、方法、情感态度和价值观。后者指间接作用于课程的对象，它们决定学生学习和掌握水平，课程实施的广度和效益，如人力、物力、场所、媒介和设备等。条件性资源中其实包含了上面所论述的构成物理环境的教学设备和设施，其中学习工具最为重要。

与物理环境一样，资源环境也是教学过程中一个重要而积极的部分。即使教室里没有任何学生，你也可以从资源的种类中判断出任何课堂里学习者看重的智力活动的种类。你看到的是一摞摞的课本、教参或大量习题集？是地球仪、望远镜、画满符号的笔记本？如果教室里只有一台计算机，计算机里装了哪些应用软件？这也透露给你很多学生学习的信息。是不是只有一个文字处理软件和少量练习软件？是不是只有一台计算机，什么音响、视频一概俱无？能不能上网？还有，电视机和录音机是否可用？是随时在学习活动中被方便地使用，还是被高挂在墙上或藏在柜中积满灰尘从不使用？

当教师设计教学时必须考虑不同的资源环境体系，认识到不同的资源环境可以使某些学习活动更简单或更困难。只提供一两种学习工具(如书本，几乎总是书本)的学习场所只能促进一两种智力活动。而一个提供了大量学习工具的学习场所则促成学生开展丰富的智力活动，促进其全面自由的发展。

信息社会最重要的工具是计算机和互联网。研究结果表明，不管人们使用怎样的学习工具，人与这些工具的交互作用很快就模式化。计算机和互联网创设的学习环境与黑板、粉笔创设的学习环境一样具有确定的效果。但当学习者与资源环境交互时，因计算机及互联网与黑板和粉笔构造知识、活动的方式不同，所以学生认识现实的方式也大为不同。美国心理学家怀特曾用"文字学习"和"电子学习"两个概念来区分传统学习方式和现代学习方式，指出当代电子学习的出现"使人类学习发生了革命性的变化"。

即便是计算机，不同时期扮演不同的角色，从指导者到工具到资源环境，学习者构造知识和活动的方式也不相同。最初计算机进入学校时，它们被一行行很整齐地放在桌上。所有的学生都坐在自己的计算机前面对教师，教师就在教室前进行演示或指导。这种教学模式假设学生都是单独学习或跟随教师学习的，计算机整合进课程资源只是为了加强这种知识授受模式。后来计算机被用作工具，工具软件的使用使学生自由实现特定的目标，如写作、计算、绘图、交流等。现在，计算机功能越来越强大，且操作越来越简便。人们通过计算机将学习内容和包含的知识信息化，扩大学习资源，有效存储、组织和呈现学习内容，计算机本身成了重要的学习资源。

正如建构主义的物理环境建立在教师对教学过程的信念一样，建构主义的资源环境也是以教师对教和学的基本信念为基础的。我们在考虑学习工具时往往关注这些因素：使用简便、易操作、屏幕呈现吸引力，图形和音响效果良好等。诚然，这些因素很重要，但更为重要的是一种工具的有无或是否恰当所体现的信念。我们有必要问：我们用这个工具是想教给学生具体的知识和概念，还是以此提供丰富的环境使学生在其中通过探究、交互作用从而建构自己对内容的理解？

当前，教师面临着多媒体技术的狂轰滥炸，几乎淹没在教学应用软件的海洋中。市场上大量软件只要其中包含了声音、文本或图片、动画就称为多媒体。然而许多软件仍然以传统的知识传递的教学观念为基础，并没有提供含有丰富问题的影像和基于计算机的资源，鼓励学生进行创造性的学习和合作。这样的资源环境虽包含高科技的属性，但却不能创设意义丰富的和有价值的学习环境。因此，在现代信息技术条件下，教师必须学会判断和选择工具，来构建促进学生真正发展的资源环境。

　　教师在选择以学习者为基础的资源(主要是学习工具)用于课堂教学时，并非资源包含的高科技因素越多越好，越先进越好。为了使资源发挥其自身的价值和潜在优势，最好能依据下述几条标准：①能为学习目标的实现提供多种活动或策略；②能鼓励学生在解决问题时进行大胆的推测；③能提供信息性质而非判断性质的反馈；④能让新手快速上路，让老手制作更完美的作品；⑤关注学习和问题的解决过程；⑥促进教师、学生和计算机三者互动。这些标准并不只适合选择多媒体资源时作为参照，也可以推广到所有学习资源的选择上——课本、录像带、软件等。

　　由此可见，在机械工程课程教学中，创设适当的资源环境是必要的，尤其是在计算机高速发展的今天。这就要求教师能给学生提供更多的资源环境。比如，多媒体网络教室，可以让学生从网络中获得更多的学习资源；好的多媒体课件和教学示范录像等，使学生获得更多、更系统的知识；好的维修仿真软件，使学生在实验设备不足的情况下也能更好、更快地掌握机械工程方面的理论与操作等。

4.2.3　情感环境

　　物理环境和资源环境是"硬环境"，情感环境则是由学校内部各种人的心理要素所构成的一种无形的"软环境"，是学校教学活动赖以进行的心理基础。它由价值观、人际关系、课堂情绪氛围等因素构成。

1. 价值观

　　不管我们是否认可，托夫勒(Toffler)早就指出：现有的教学实践是建立在工业模式基础上的。我们课堂教学中教给学生基本的读写、算术、一点儿浅显的历史和其他科目构成了"显性课程"，然而在这之下，隐含着一个更为基础的看不见的"隐性课程"，它由三方面构成：准时、服从、机械重复的工作。工业社会冷冰冰的科层管理就是这样要求工人的。显性和隐性课程就是这种要求在教育领域的反映。传统教学模式深刻地反映和传达着这样一种价值观。而这种价值观对学生学习和参与现代社会是负面影响的。

　　为现代学生设计学习的环境必须考虑价值观的影响。在我们采用新的教学模式时，首先应建立的观念是：学生不是等待被填充的容器，而是亟需被点燃的火把；学习不是为了获取大量现成的知识而是为了增长生存的能力和人生智慧。教师必须为学生创设能促进问题解决的、合作的、沟通的、具有批判精神的学习环境。

2. 人际关系

　　学校中的人际关系主要由学校领导与教师的关系、教师与学生的关系、教师与教师的关系、学生与学生的关系等组成。其中，师生关系是学校教学基本的人际关系，它们构成对教学活动影响最直接、最具体的人际环境。和谐健康的人际关系，有利于促进教学效果的整体提高。建构主义教学理论认为：人的心灵具有自觉的能动性，教师和学生分别以自己的方式建构对世界的理解，教学过程就是教师和学生进行合作建构的过程，而不是客观知识的传递过程，这就要求建立平等密切的师生关系。在教学过程中，学生只有体验到平等、自由、民主、尊重、信任、同情、理解和宽容，才能形成自主自觉的意识，产生强烈的求知欲望，开拓创新的激情和积极进取的人生态度。

3. 情绪氛围

　　教学的效果不仅取决于教师怎样教，学生怎样学，还取决于课堂的情绪氛围。情绪氛围和价值观、人际关系一样是教学的软环境。课堂的情绪氛围是由教师的教风、学生的学风以及教室中的物理和物质环境因素共同作用形成的一种心理状态。教师的教风包括教师的道德品质、教学思想、态度、能力、风格、管理方式、行为方式等多种心理成分。学生的学风包括学生的个性特征、学习态度、能力以及班级认同感等多种心理成分。教风与学风之间是相辅相成的，相互影响的。此外，教室中的物理环境对情绪气氛具有重要影响。如教室中的墙壁颜色，学习工具的特征、室内的拥挤程度、通风、光线、温度、噪声以及清洁卫生状况等，都会影响学生情绪。通常情况下，学生的情绪氛围有积极的、消极的和对抗的三种类型。

针对中等职业技术学校的学生的认知特点，创设有效的情感环境是非常必要的。积极的课堂情绪氛围的基本特征是：师生关系和谐；学生精神饱满，注意力集中；教师充满热情；课堂张弛有致，动静结合。消极的课堂情绪氛围的基本特征是：师生关系疏远；学生无精打采，反应迟缓；教师被动，缺乏热情；课堂弥漫懒散的气氛。对抗的课堂情绪氛围的特征则是：学生兴奋过度，随心所欲，各行其是，课堂处于无序的状态。

从以上分析可以看出，教学环境是以教学为中心，对教学的发生、存在和发展产生制约和调控作用的多维空间与多元因素的环境系统。影响教学的物质环境、资源环境和情感环境相互联系、相互制约，物理环境的生态文化影响资源环境的建构与选择，资源环境的创设改变物理环境的文化氛围。同时，物理环境、资源环境的优劣会导致情感环境的变化，而情感环境的好坏也能导致物理环境和资源环境的改观。因此，我们认为，就其实质来说，现代教学环境是由物理环境、资源环境和情感环境交互作用而构成的一种环境系统。在信息社会，从本质上说，教学就是一种环境的创造。加强教学环境的创设意识，优化教学环境，是学校和教师面临的新任务和新挑战。

4.2.4 专业教学设施

(1)本专业应配备工程力学、电工与电子技术、工程材料与金属热加工、机械基础、极限配合与技术测量、液压与气动、通用机械设备、设备电气控制与维修、机械加工、机械设备修理工艺、管道、起重、焊接等专业实验室，并达到办学合格标准，具备其他相关课程的实验条件，实验设施可与其他专业共用。

(2)专业课主要实验设备见表4-3。

(3)专业课的实验开出率应达到有关教学文件规定的90%以上。

(4)具有专业教学所需的挂图、教具、视听教材等，与本专业直接相关的书籍和期刊总数不低于50册/学生。

(5)具有一定数量的现代化教学设备(如计算机、录放像设备、多媒体教学设备等)，备有相应的专业教学录像片、多媒体课件等。

4.2.5 实习、实训场所

有相对固定的实训基地、实习单位和实施产教结合的场所，能完成课程设置所规定的所有的实训、实习项目，能满足结合专业教学开展技术开发、推广、应用和社会服务的需要。

1)企业真实生产环境

寻求校企合作渠道，工学结合，在企业真实的生产情境中对学生进行职业从业资格(机电设备维修工)的传授，以真实项目为载体，使学生有能力从容应对那些对职业、对生计以及对社会有意义的行动情境，实现零距离就业；同时，教学内容紧跟市场，确保先进性。安排顶岗实习 2 周。

2）实训设备的开发和利用

充分利用学院强大的硬件设施，根据企业典型工作任务，开发综合性和功能性实践项目，实现教学过程的实践性、开放性、职业性。学习场地与设施要求具体见表 4-2。

表 4-2　学习场地与设施要求

模块	学习场地与设施要求
模块一	机械零部件的测绘与维修车间，有授课区，多媒体设备
模块二	农机设备拆装与维修车间，有授课区，多媒体设备
模块三	机床电气故障检测实训室，有授课区，多媒体设备
模块四	机电设备综合维修车间、数控设备故障检测与维修车间

4.2.6　教学文件

（1）有市（地）及以上政府教育行政部门或相关行业认可的指导性教学文件，学校有完整的实施性方案等。

（2）有完善的专业教学管理制度。专业课主要实验设备见表 4-3。主要实习、实训设备见表 4-4。

表 4-3　专业课主要实验设备

序号	实验设备名称及规格	单位	最低数量	备注
统一要求部分				
一、工程力学				
1	万能材料实验机	台	1	
2	疲劳实验机	台	1	
3	材料拉力实验机	台	1	
4	扭转实验机	台	1	
5	电阻应变仪	台	1	
6	动平衡仪	台	1	
7	球校式引伸仪	台	1	
二、电工与电子技术				
1	单相变压器	台	2	
2	三相变压器	台	2	
3	三相笼型异步电动机	台	2	
4	三相绕线式异步电动机	台	2	
5	直流并励电动机	台	2	
6	直流发电机	台	2	总直流电源
7	交流稳压器	台	1	总交流电源
8	滑线变压器	台	1	
9	直流稳压电源	台	25	低压
10	起动电阻	个	25	
11	交流接触器	个	25	
12	热继电器	个	25	
13	按钮	个	25	
14	开关	个	25	

续表

序号	实验设备名称及规格	单位	最低数量	备注
统一要求部分				
15	白炽灯	个	25	
16	时间继电器	个	25	
17	万用表	个	25	
18	交流电压表	个	25	
19	直流电压表	个	25	
20	电流表	个	25	
21	功率表	个	25	
22	转速计	个	25	
23	钳形电流表	个	25	
24	兆欧表	个	25	
25	晶体管毫伏表	个	25	
26	电子示波器	台	25	
27	低频信号发生器	台	25	
28	脉冲信号发生器	台	25	
29	单相调压器	台	25	
30	模拟电子线路实验箱	个	25	
31	数字电子线路实验箱	个	25	
三、工程材料与金属热加工				
1	布氏硬度计	台	1	
2	洛氏硬度计	台	1	
3	金相显微镜	台	5	
4	金相切割机	台	1	
5	镶嵌机	台	1	
6	预磨机	台	2	
7	抛光机	台	2	
8	砂轮机	台	2	
9	箱式电炉	台	4	中温、高温
10	小型盘式电炉	台	2	
11	冲击实验机	台	1	
四、机械基础(含极限配合与技术测量内容)				
1	减速器	台	2	
2	联轴器	台	5	
3	齿廓范成仪	台	1	
4	凸轮机构	套	5	
5	铰链四杆机构	套	5	
6	单滑块四杆机构	套	5	
7	万能工具显微镜	台	1	
8	合像水平仪	台	1	
9	光学平直仪	台	1	
10	偏度检查仪	台	1	
11	表面粗糙度测试仪	台	1	

序号	实验设备名称及规格	单位	最低数量	备注
统一要求部分				
12	立式光学比较仪	台	1	
13	游标卡尺 0～125mm	把	25	
14	内径千分尺 0～125mm	把	12	
15	外径千分尺 0～125mm	把	12	
16	公法线千分尺 0～25mm	把	5	
17	公法线千分尺 25～50mm	把	5	
18	公法线千分尺 50～75mm	把	5	
19	百分表及表架	套	12	
五、液压与气动				
1	恩氏黏度计	个	5	
2	动力黏度计	个	5	
3	层流、紊流实验仪	台	1	
4	QCS002 液压试验台	台	1	
5	QCS003 液压试验台	台	1	
6	QCS008 液压试验台	台	1	
7	M1432A 万能磨床	台	1	
8	射流机械	台	1	
六、通用机械设备				
1	小型汽油机	台	2	
2	小型柴油机	台	2	
3	空气压缩机	台	2	
4	离心水泵	台	2	
5	电动葫芦	台	2	
七、设备电气控制与维修				
1	电气控制示教板(含接触器、继电器、按钮、开关等)	套	25	CJ10，HZ10，JS7，JR14B，LA10，RL1
机电设备维修与管理专门化				
一、机械加工				
1	车床	台	6	
2	万能工具磨床	台	1	
3	平面磨床	台	1	
4	内、外圆磨床	台	1	
5	铣床	台	1	
6	摇臂钻床	台	1	
7	牛头刨床	台	1	
8	FW125 分度头	台	1	
9	砂轮机	台	1	
10	车刀量角仪	台	25	
11	动态应变仪	台	2	
12	光线示波器	台	2	
13	电子电位差计式测温计	台	2	
14	小型工具显微镜	台	1	
15	铣床夹具	副	2	
16	钻床夹具	副	2	
17	组合夹具	副	2	
18	计算机	台	1	

序号	实验设备名称及规格	单位	最低数量	备注
机电设备维修与管理专门化				
二、机械设备修理工艺				
1	电焊设备	套	2	
2	气焊设备	套	2	
3	台式钻床	台	6	
4	钳工工作台及虎钳	套	25	
5	划线平台 800×1200	块	4	
6	曲面刮削工件	套	25	
7	平面刮研平板 300×400	块	25	
8	花岗石检验平板	块	2	
9	钳工水平仪 200×0.02	个	4	
三、设备状态监测与故障诊断(学校自主安排课程)				
1	小型永磁振动台	套	1	
2	声级计	台	2	
3	红外线测温仪	台	2	
4	轴承故障检测仪	台	2	
5	冲击脉冲计	台	2	
6	超声波探伤仪	台	2	
7	超声波测厚仪	台	2	
工业设备安装专门化				
一、机电设备安装工艺				
1	普通车床	台	5	
2	立式钻床	台	2	
3	摇臂钻床	台	1	
4	台式钻床	台	3	
5	刨床(牛头刨或龙门刨)	台	1	
6	铣床(立式或卧式)	台	1	
7	插床	台	1	
8	平面磨床	台	1	
9	内外圆磨床	台	1	
10	砂轮机	台	3	
二、管道安装工艺				
1	套丝机	台	1	
2	弯管机	台	1	
3	经纬仪	台	2	
4	水准仪	台	4	
5	水平仪	台	4	
6	罗盘仪	台	4	
三、设备起重与搬运(学校自主安排课程)				
1	桥式起重机	台	1	
2	塔式起重机	台	1	
3	桅杆式起重机	台	1	
4	卷扬机(含钢丝绳)	台	2	
5	滑轮组(定、动滑轮组)	组	3	

表 4-4　主要实习、实训设备

序号	设备名称及规格	单位	最低数量	备　注
一、计算机、CAD 实训				
1	计算机	台	50	
二、钳工实习				
1	钳工工作台及虎钳	套	50	
2	台式钻床	台	6	
3	钳工工具	套	50	
4	砂轮机	台	8	
三、机加工实习				
1	车床	台	12	
2	万能工具磨床	台	1	
3	内、外圆磨床	台	1	
4	铣床	台	1	
四、焊接实习				
1	电焊设备	套	8	
2	气焊设备	套	8	
五、机械设备大修、拆装实习				
1	摩托车	辆	2	
2	小型柴油机	台	2	
3	空气压缩机	台	2	
4	离心水泵	台	2	
5	车床	台	2	
6	液压搬运车	辆	2	
7	划线平台 800×1200	块	2	
8	平面刮削用平板 300×450	块	25	
9	曲面刮削用工件及样棒	套	25	
10	钳工工具	套	50	
11	管工工具	套	50	
六、电器装修实习				
1	三相变压器	台	6	
2	三相笼型异步电动机	台	6	
3	起动电阻	个	18	
4	交流接触器	个	18	
5	时间继电器	个	6	
6	中间继电器	个	12	
7	热继电器	个	6	
8	大功率二极管	个	6	
9	空气开关	个	12	
10	开关	个	30	
11	按钮	个	60	
12	万用表	个	6	
13	功率表	个	6	
14	钳形电流表	个	6	

注：1. 附表中的仪器、设备可与其他专业共用。

　　2. 仪器、设备的数量是以两个班为基数配置的。

思　考　题

1. 简述教学媒体的种类和特点。
2. 如何进行机械工程专业的教学环境创设？
3. 机械工程专业应配备哪些专业教学设施？
4. 机械工程专业对实习、实训场所有哪些具体要求？
5. 列举机械工程专业常用的教学实验设备。

第二部分

机械工程专业教学方法应用

掌握和运用教学方法为实施专业教学服务是中等职业教师培养的重要目的，以教学实践提高为目标，强调对教师教学的指导性和操作性，教师在"做中教"，学生在"做中学"，以学生为中心，以行动导向为理念，以就业和能力本位为目的，设计开发机械工程专业教学法案例。本部分主要介绍适合机械工程专业的六种教学法：项目教学法、实验教学法、任务驱动法、模拟教学法、案例教学法和引导文教学法，都属于行动导向教学法的范畴。每种教学法首先进行应用分析，另外各开发两个教学法案例。在每种教学法应用分析中，主要介绍教学法的目标、应用领域、实施过程等。在实施过程中，介绍其实施步骤、媒体、环境、组织等要素。

第 5 章　行动导向教学法概述

　　教育的核心是教学过程，教学任务就是实施教育课程。职业教育课程基于知识的应用和技能的操作，在内容选择和排序上有其自身的属性，具体表现在其"职业性"的特征。职业教育的教学活动与职业领域及其行动过程紧密地联系在一起，它既富有创造性又体现着艺术性。职业学校的专业教学应如何优质地实现教学目标，如何高效地完成预期教学任务，从而达到满意的教学效果，这需要每一个教师不断学习和更新现代职业教育理念，遵循职业教育规律，结合本专业的职业属性和特点，积极探索适合本专业教学的方法和策略，精心设计、因材施教，努力提高教学能力和水平。本章从行动导向教学的特点出发，通过介绍适用于机械工程专业的基于行动导向教学体系中教学策略与教学方法，阐述行动导向教学法在机械工程专业主干课程教学中的应用。

5.1　行动导向教学的内涵及特点

　　行动导向教学模式源于德国的"双元制"职业教育。德国传统的"双元制"职业培养比较重视学习者的职业技能，对职业技能以外的其他方面的能力重视不够。20 世纪 80 年代中后期，随着社会工业化程度的提高和知识经济社会以及信息化社会的到来，人们认识到技术工人仅仅具备职业技能满足于求生存是不够的，需要在生存的基础上谋求更大、更好、更快的发展，这就要求在对学生培养职业能力的同时，有意识地加强对学生方法能力和社会能力的培养，即学生不仅需要具有专业能力还需要具备所谓跨专业的关键能力。于是，在"双元制"职业教育的基础上进行改革和发展，形成了具有培养学生的专业能力和关键能力的一种新型的职业教育模式——行动导向教学模式。

5.1.1　行动导向教学的内涵

　　姜大源在《职业教育学研究新论》中指出：职业教育专业教学需要围绕教学目标、教学过程、教学行动三个层面展开。其一，职业教育的教学目标应是以本专业所对应的典型职业活动的工作能力为导向的。职业教育是以能力为本位的教育，是建立在学习者掌握本专业基本的职业技能、职业知识和职业态度的过程中，着重职业能力的培养的教育模式。对职业教育的教学目标来说，过程比结果更重要，能力比资格更重要。其二，职业教育的教学过程应是以本专业所对应的典型的职业活动的工作过程为导向的。职业教育的教学过程应该以职业的工作过程作为参照体系，强调通过对工作过程的"学"的过程去获取自我建构"过程性知识"的经验，并可进一步发展为策略，主要解"怎么做"(经验)和"怎么做更好"(策略)的问题；而不是通过"教"的过程来传授"陈述性知识"的理论，要解决"是什么"(事实、概念等)和"为什么"(原理、规律等)的问题。职业教育教学内容的排序，应按工作过程展开，针对行动顺序的每一个过程环节来传授相关的教学内容。其三，职业教育的教学行动是以本专业所对应的典型职业活动的工作情境为导向的。职业教育的教学行动应以情境性原则为主、科学性原则为辅。情境是指职业情境。职业教育的教学是一种"有目标的活动",强调"行动即学习",行为作为一种状态,是行动的结果。这是职业教育的教学特征之一。基于职业情境的、采取行动导向的教学体系称为行动导向教学体系。

　　行动导向教学是根据完成某一职业工作活动所需要的行动、行动产生和维持所需要的环境条件以及从业者的内在调节机制来设计、实施和评价职业教育的教学活动。行动导向教学的内涵主要体现在行动导向教学的目标是培养学生的关键能力;行动导向教学的内容是"工作过程系统化"课程内容;行动导向教学方法是以学生的"学"为主,教师的"教"是为学生的"学"服务的;行动导向教学要求为学生创设良好的教学情境,让学生能在贴近社会活动和职业活动的环境与氛围中学习。行动导向教学体系在培养学生的关键能力上进行了完整的设计,有效地促进和落实了学生综合素质的全面培养。

5.1.2　行动导向教学的特点

　　职业教育的行动导向教学其基本意义在于:学生是学习过程的中心,教师是学习过程的组织者与协调人;遵循"资讯、计划、决策、实施、检查、评估"完整的"行动"过程;在教学中教师与学生互动;让学生通过"独立地获取信息、独立地制定计划、独立地实施计划、独立地评估计划";在自己"动手"的实践中,掌握职业技能、习得专业知识,从而构建属于自己的经验和知识体系。

　　基于行动导向教学具有以下特点。

1. 教学目标的综合性

　　现代职业教育的目标是培养具有综合职业能力的新型劳动者——高素质技能型人才,他们不仅具有专业能力,还具备所谓跨专业的关键能力。这就是说,高素质的劳动者除了应该具备职业领域的专门能力,还应具备如学习能力、解决问题的能力、计划和决策能力、团队工作能力、与人交往与合作的能力、将自己融于集体的意识和能力、正确的价值观念和行为方式、饱满的工作热情、严谨的工作态度、质量意识等。这些跨专业的能力和专业能力一起构成现代技术工人的综合职业能力。行动导向教学的目标指向不仅包括陈述性知识和程序性知识中的动作技能,更将指导做事和学习的智慧技能的获得以及培养严谨认真的工作态度放在重要的地位,通过对问题或任务的实际解决习得解决问题的方法,全面提高学生的社会能力、个性能力和学生的综合素质。因此,教学目标应该包括知识、技能和态度三部分。

2. 学生学习的主体性

　　行动导向教学强调:学生作为学习的行动主体,以职业情境中的行动能力为目标,以基于职业情境中的行动过程为途径,以独立地计划、独立地实施与独立地评估即自我调节的行动为方法,以教师及学生之间互动的合作行动为方式,以强调学习中学生自我构建的行动过程为学习过程,以专业能力、方法能力、社会能力整合后形成的行动能力为评价标准。学生在学习过程中不只用脑,而是脑、心、手共同参与学习,通过行为的引导使学生在活动中提高学习兴趣、培养创新思维、形成关键能力。教学设计中采取以学生为中心的教学组织形式,倡导"以人为本",把教学与活动结合起来,让学生在活动中自主学习,通过活动引导学生将知识与实践活动相结合,以加深对专业知识的理解和运用。在活动中培养学生的个性,使学生的创新意识和创新能力得到充分的发挥。

3. 教学过程的互动性

行动导向教学在教学过程中不再是一种单纯的教师讲、学生听的教学模式，而是师生互动型的教学模式。教学活动中，教师的作用发生了根本的变化，即从传统的主角、教学的组织领导者变为活动的引导者、学习的辅导者和主持人。学生作为学习的主体充分发挥了学习的主动性和积极性，变"要我学"为"我要学"。行动导向教学提倡创设尽可能大的合作学习空间，学习任务应能促进交流与合作，学生和教师以团队形式共同解决提出的问题。在教学中不仅有教师向学生传授知识的活动，还有学生与教师、学生与学生之间的交互学习活动，将单纯认知教学变为认知、情感、技能并重的教学，将追求知识的掌握变为掌握知识、培养技能、发展能力、实现学生个性能力的全面提高。

4. 教学活动的开放性

行动导向教学采用非学科式的、以能力为基础的职业活动模式。它是按照职业活动的要求，以学习领域的形式把与活动所需要的相关知识结合在一起进行学习的开放性教学。学生也不再是孤立的学习，而是以团队的形式进行研究性学习。教学设计为学生学习创造良好的教学情景，让学生自己寻找资料，研究教学内容；让学生扮演职业领域中的角色，体验专业岗位技能；让学生通过一个个具体案例的讨论和思考，激发创造性潜能；让学生在团队活动中互相协作，共同完成学习任务；让学生按照展示技术的要求充分展示自己的学习成果，并进行鼓励性评价，培养学生的自信心、自尊心和成就感，培养学生的语言表达能力，在开放、宽松、和谐的教学活动中全面提高学生的社会能力、个性能力和综合素质。

5. 教学方法的多样性

行动导向教学有一套可单项使用，也可综合运用的教学方法，可以根据学习内容和教学目标选择使用。目标单一的知识传授与技能教学方法，如谈话教学法、四阶段教学法、六阶段教学法；行为调整和心理训练的教学方法，如角色扮演法、模拟教学法；综合能力的教学方法，如项目教学法、引导文教学法、张贴板教学法、头脑风暴法、思维导图法、案例教学法、项目与迁移教学法等。职业教育的教学活动设计不仅要结合各种具体教学方法的科学合理使用，还需要注意教法的不断创新，根据不同专业特点和学习者具体情况以及教学内容、教学环境、教学要求和教学目标的变化，探索和创造出更多、更好地符合本职业教学需要的行动导向教学的新方法，体现专业特色，适应以能力为本的人才培养要求，更好地实现行动导向教学目的。

6. 教学情境的职业性

行动导向教学是根据完成某一职业工作活动所需要的行动、行动产生和维持所需要的环境条件以及从业者的内在调节机制来设计、实施和评价职业教育的教学活动，其目的在于促进学习者职业能力的发展，核心在于把行动过程与学习过程相统一。行动导向教学特别注重教学情境的创设，教学情境包括教学环境和教学情景，教学设计要注意创设通过有目的地组织学生在实际或模拟的专业环境中，为学生提供丰富的学习资源、媒体技术手段、教学设施设备，让学生产生身临其境的逼真效果，参与设计、实施、检查和评价职业活动的过程，同时还要注意营造特定的职业活动情景氛围，使学生在情景中产生情感上的共鸣，情不自禁地去思维、发现和探索，讨论和解决职业活动中出现的问题，体验并反思学习行动，最终获得完成相关职业活动所需要的知识和能力。行动导向教学法的特点如图 5-1 所示。

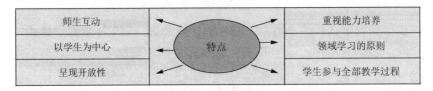

图 5-1　行动导向教学法的特点

5.1.3　行动导向教学法与传统教学法的区别

行动导向教学法与传统教学法的区别见表 5-1。

表 5-1　行动导向教学法与传统教学法的对比

	行动导向教学法	传统教学法
教学形式	以学生活动为主，以学生为中心	以教师传授为主，以教师为中心
学习内容	以间接经验和直接经验并举，在验证间接经验的同时，某种程度上能更好地获得直接经验	以传授间接经验为主，学生也通过某类活动获取直接经验，但其目的是验证或加深对间接经验的理解
教学目标	兼顾认知目标、情感目标、行为目标的共同实现	注重认知目标的实现
教师作用	教师不仅仅是知识的传授者，更是学生行为的指导者和咨询者	知识的传授者
传递方式	双向的，教师可直接根据学生活动的成功与否获悉其接受教师信息的多少和深浅，便于指导和交流	单向的，教师演示，学生模仿
参与程度	学生参与程度很强，其结果往往表现为学生要学	学生参与程度较弱，其结果往往表现为要学生学
激励手段	激励是内在的，是从不会到会，在完成一项任务后通过获得喜悦满意的心理感受来实现	以分数为主要激励手段，是外在的激励
质量控制	质量控制是综合的	质量控制是单一的

5.2　行动导向教学策略制定与教学方法选择

教学策略是指对完成特定教学目标而利用的教学程序、教学方法、教学组织形式和教学媒体运用等因素的总设计。教学方法是指教学过程中教师与学生为完成教学任务而使用的一切办法的总和，既包括教师的教法，也包括学生的学法，是教法与学法的有机结合。现代意义的专业教学法更多地侧重于"学的方法"，而不是仅仅强调"教的方法"。本节主要介绍基于行动导向教学体系中教学策略的制定与教学方法的选择。

5.2.1　教学策略的制定

基于职业教育的"教学目标应以典型职业活动的工作能力为导向""教学过程应以典型的职业活动的工作过程为导向"和"教学行动以典型的职业活动的工作情境为导向"等教学特征，教学策略的制定应从专业的教学目标出发，在先进的职业教育理论指导下，针对教学内容和教学对象的特点，在时间、形式、情境、媒体与方法等多个维度上，对教学活动做出科学合理的安排。

1. 教学策略制定的流程

教学策略制定的实质是教师根据教学目标设计的施教方案，也称教学设计。教学设计是教师开展教学活动的基本依据和行动指南。教学设计方案包括教学目的与对象、教学内容的安排、教学时间的分配、教学活动的组织与调控、教学方法的选择与运用、教学评价方式与手段等方面。基于行动导向的教学策略制定的一般流程见图 5-2。

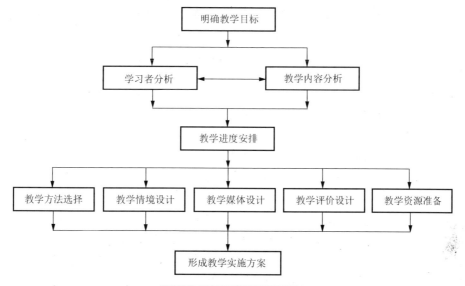

图 5-2　教学策略制定的流程

2. 教学策略制定的原则

教学设计是教学工作中一项极富创造性的工作，科学合理的教学设计方案可以保证教师有效地实施教学，提高教学质量，使学生获得良好的发展。因此，教学设计是一项能充分发挥教师才智，焕发生命活力的具有个性特点的创造性活动。行动导向教学专业课程教学设计应该根据教学目标的要求，遵循学习规律，运用科学方法，对参与教学活动的诸多因素进行全面分析和策划。基于行动导向教学的特点，教学策略的制定主要应遵循以下原则。

1) 教学目标综合性原则

基于职业教育的总目标是培养学生的综合职业能力，在确定教学目标要坚持教学目标综合性原则。学生通过在职校的学习，要求实现对职业、社会和个性等方面的综合发展，这就不仅需要培养他们掌握未来职业的专业理论知识与技能，还要培养他们分析问题、解决问题的能力和完成任务的方法，全面提高学生的社会能力、方法能力、情感态度以及价值观方面的综合能力。职业教育课程的具体教学目标是：专业能力目标(知识与技能)、核心能力目标(方法能力与社会能力)、情感态度目标等。

2) 教学对象主体性原则

行动导向教学强调学习中学生自我构建的行动过程为学习过程，学生是教学活动的主体，学生的学习过程是脑、心、手共同参与学习，通过职业行为的引导使学生在活动中提高学习兴趣、培养创新思维，形成关键能力。教师教学策略的制定，应该建立在学习者分析的基础上，通过对学生初始能力、智力水平和态度情感以及兴趣爱好等方面的分析，遵循学生的学习规律和学习特征，合理安排教学时间和教学内容，恰当运用教学方法和教学媒体，设计体现以学生为中心的教学组织形式，同时考虑职校学生个体存在的差异性，在活动设计中注意学生个性能力的培养，能够使学生的创新意识和创新能力得到充分的发挥。

3) 教学情境职业性原则

教学的具体情境是认识逻辑、情感、行为、社会和发展历程等方面背景的综合体。一般教学情境的设计有故事化情境、活动化情境、生活化情境和问题化情境等方式。行动导向教学行动是以典型的职业活动的工作情境为导向的，教学情境设计要体现职业性原则。根据完成某一职业工作活动所需要的行动、行动产生和维持所需要的环境条件以及从业者的内在调节机制来设计、实施和评价职业教育的教学活动。在设计教学情境时，要考虑如何呈现工作任务、如何运用具体案例和变化材料，才能最有效地激发学生的兴趣和维持注意力；考虑如何有针对性地组织教学内容，让学生认识到其重要性和价值性；考虑如何阐明教学目标，有效调控学习进程，发挥学生的主观能动性和调动学生学习积极性，帮助学生树立自信心；考虑如何运用科学的评价和反馈方式，给学生提供展示自己成果和能力的机会，体会成功感和满足感，进而激发学习动机。为学生学习设计逼真的职业情境，提供丰富的学习资源、体验职业岗位技能，在经历职业活动的工作学习过程中获得发展。

5.2.2　教学方法的选择

职业教育的教学方法的选择与运用直接关系到教学质量和效果。教学方法由职业教育的教学目标和教学内容决定。教学方法在专业教学领域中运用不能离开"面对什么对象""为了什么专业教学目标""涉及什么专业教学内容""应用什么教学媒体"等教学要素。教学方法的选择应该根据专业教学目标，遵循现代职业教育规律，结合教学对象特点和学校相应的教学条件，适合于本专业内容教学。

1. 教学方法的选择依据

基于行动导向教学的特点，教学方法的选择依据主要考虑以下几个方面。

1) 教学目标的具体要求

教学方法的选择要以教学目标的具体要求为依据。课程单元教学是职业教育专业教学的基础，每个单元的教学均有对学生知识、技能、态度等方面既定的教学目标，而每一方面的目标的实现，都应该有相应的教学方法完成，不同的目标需要选择不同的教学方法。在职业教育专业课程教学中，偏向理论知识类的单元的教学，为了达成教学目标，可以选择引导文教学法、张贴板教学法、思维导图法、谈话教学法、问题讨论教学法等实践；偏向技能操作类的单元教学，为了达成教学目标，可以选择实验教学法、任务驱动教学法、项目教学法、模拟教学法等实践；偏向于培养学生品质、性情和态度类的单元教学，可以选择考察教学法、角色扮演法、模拟教学法等实践；偏向于培养学生综合分析能力、训练创造性思维类的单元教学，可以选择头脑风暴法、案例教学法、项目与迁移教学法、探究学习法等实践。根据不同的教学内容和不同的教学目标，选择不同的教学方法，但是，行动导向教学法追求目标的综合性，综合性的目标不是单一的教法所能实现的，需要多种教学方法的综合运用才能完成和实现。

2) 教学对象的学习特点

教学方法的选择要以教学对象的学习特点为依据。行动导向教学方法是建立在学生作为学习主体的基础上的，教师对教学方法的选择要充分考虑学生的智力因素和非智力因素特点，立足于学生的可接受程度和适应性，一定要符合学生的原有基础水平、认知结构和个性特征，例如，对低年级和高年级的学生教学，在方法上就应该有所区别；对缺乏必要感性认识的或认识不够充分的学生与对感性认识较好的学生就应该有所区别；学生出于对知识的学习理解阶段和学生处于知识转化迁移阶段就应该有所区别。教师要根据教学对象的特点，善于选择那些能促进他们知识、技能和品质发展的教学方法。

3) 学校相应的教学条件

教学方法的选择要以学校相应的教学条件为依据。职业教育的发展与教学技术的运用为教学方法的实践提供了支撑。学校的教学资源,如教学设备、教学场地、实训场所、实习基地、教辅材料等都会制约着教师对教学方法的选择范围。教师应该充分熟悉学校教学条件,最大限度地、最经济地利用学校现有教学资源,选择最优化的教学方法,实现最佳的教学效果。当然,学校应该积极地创造条件,不断地完善教学条件,同时,教学方法的选择也要考虑是否符合教学时间的范围和教师本身的可能性等因素。

4) 与本专业的适应性

教学方法的选择要以与本专业的适应性为依据。不同专业有其不同的特点,教学内容、教学要求和教学环境有很大的区别。教学方法的应用要符合专业内容教学的特殊要求,以利于达到专业教学的特定目标。不同的教学方法有其应用的场合和条件,例如,角色扮演法在管理、服务类专业的教学中可以有很好的应用。学生通过对职业角色的扮演,体验未来职业岗位的情感,深化对学生职业能力和职业素养的培养;项目教学法则对技术类专业有很好的应用价值,加工一个零件(机械)、建造一个花坛(土木)、制作一个网页(计算机)等都可以开发成为一个教学项目去实施教学。教师要根据本专业的特点,积极探索和实践符合本专业教学需要的教学法,按照参与度、认同感、综合性和高效性等多角度选择与使用适应本专业的具有专业特色的教学法。

2. 适用于机械工程专业的教学方法

教学方法的应用要符合专业内容教学的特殊要求,以利于达到专业教学的特定目标。不同的教学方法有其应用的场合和条件。为了更好地完成中等职业学校教师素质提高计划的各项任务,进一步增强机械工程专业教师在本专业教学法环节的教学水平,改革传统的教学方法与教学手段,探索一条符合职教发展特色的教学模式,使学生具备从事机电设备的安装、调试、保养、维修、管理和操作机电设备从事生产的工作能力,也具备从事与机械工程专业相关的技术工作能力。

机械工程实践性强,内容抽象,枯燥难懂,黑板上种田是无法让学生学好的。因此,专业教师在研究学生心理的基础上,革新教学观念,采取适合于中等职业学校学生认知与学习特点的项目教学法、案例教学法等多种方法,使教学过程以学生为主,教师为辅,图文并茂,融入实际,教学内容完整实用,生动形象,充分调动中等职业学校学生的学习积极性,提高教学质量和教学水平。

我们认为,适合机械工程专业的主要教学方法和手段如下。

(1)项目教学法。本专业特别在实践教学中,较多采用此种教学方法。因为现代企业的生产不可能是某个人单独完成一项任务,而是需要许多人的协作才能完成。所以必须培养学生的这种团队合作精神,才能真正胜任企业工作。机械工程是多工作的结晶,比较适合小组项目式教学。这种教学法,实际也是对企业工作环境的模拟,通过这种教学,能提高学生工作的适应能力。

(2)引导文教学法。对于一些理论性较强的课程内容,可由教师设置一定数量的引导文字,可采用问答、填空或选择题的形式,让学生自己查找答案,从而加深学生对理论知识的理解能力,在设备管理课程中可采用这类方法。

(3)案例教学法。生产一线的情况是千变万化的,案例教学为学生提供了一种模仿、借鉴和引申的范例。这种教学模式的最大特点是师生互动性强,体现了以学生为主的教育思想。

如对某种典型零件的安装与维修方案的分析等。

(4)实验教学法。实验教学法是教师指导学生运用一定的工具、仪器、仪表或设备对机械工程课程中的有关内容进行有目的、有重点的观察和研究的教学过程,这种方法能大大提高学生学习的主动性和创造性。

(5)模拟教学法。充分利用一些现代教学手段,增强教学效果。围绕教材,制作了多媒体课件,采用视频、音频、动画、仿真等多种形式表现课程内容,提高学生的学习兴趣和理解能力。

(6)任务驱动式教学法。在教学过程中以完成一个个具体的任务为线索,把教学内容巧妙地隐含在每个任务之中,让学生自己提出问题,并经过思考和老师的点拨,自己解决问题。即先让学生了解该堂课要达到的目标任务,再对着任务一个一个地找到解决问题的方法。此方法在该课程实训中也是常见的方法之一。

职业教育的教学不仅要结合各种具体教学方法的科学使用,而且需要注意教法的不断创新,根据不同专业特点和学生具体情况以及教学内容、教学环境、教学要求和教学目标的变化,探索和创造更符合本专业教学需要的行动导向教学的新方法,体现专业特色,适应以能力为本的人才培养要求,更好地实现行动导向教学目的。"教学有法,教无定法",认识、模仿、应用、开发创新各种教学方法,并能根据不同情况灵活应用,才真正是教师自己专业教学能力发展之路。

5.2.3　行动导向教学法运用应注意的问题

各种教学法的运用都有其自身特点。在行动导向教学法运用时,要注意处理和把握好以下几个问题。

1. 教师角色的转变

行动导向教学是让学生在活动中,用行为来引导学生、启发学生的学习兴趣,让学生在团队中自主学习,培养学生的关键能力。在这种教学理念的指导下,老师首先要转变角色,要以主持人或引导人的身份引导学生学习,教师要使用轻松愉快的、充满民主的教学风格进行教学。老师要运用好主持人的工作原则,在教学中控制教学的过程,而不要控制教学内容;要当好助手,要不断地鼓励学生,使他们对学习充满信心并有能力完成学习任务,培养学生独立工作的能力。

2. 教学文件的准备

在实施行动导向教学法时,老师要让学生在活动中学习并要按照职业活动的要求组织好教学内容,把与活动有关的知识、技能组合在一起让学生进行学习,教学要按学习领域的要求编制好教学计划、明确教学要求、安排好教学程序。上课前,要充分做好教学准备,要事先确定通过哪些主题来实现教学目标,教学中要更多地使用卡片、多媒体等教学设备,使学生的学习直观易懂,轻松高效。

3. 协作能力的培养

在实施行动导向教学法时,老师要为学生组织和编制好小组,建立以学生为中心的教学组织,让学生以团队的形式进行学习,培养学生的交往、交流和协作等社会能力。要充分发挥学生的主体作用,让学生自己去收集资料和信息,独立进行工作,自主进行学习,自己动手来掌握知识,在自主学习过程中学会学习。在教学过程中不断地让学生学会使用展示技术来展示自己的学习成果。

4. 学习任务的完整

学习任务应尽可能完整，所反映的职业工作过程应该清晰透明。将传统劳动组织中相分离的计划、实施和检查工作内容结合起来进行教学设计，包含计划、实施、评价等步骤的完整职业工作过程。消除学科界限和专业分割，提倡完整的与客观职业活动相近的学习过程。行动导向教学一般采用跨学科的综合课程模式，不强调知识的学科系统性，而重视"案例"和"解决实际问题"以及学生自我管理式学习。

思　考　题

1. 什么是行动导向教学法？说明在中等职业学校应用行动导向教学法的意义。
2. 行动导向教学法与传统教学法有何区别？
3. 基于行动导向教学特点，教学方法的选择依据是什么？
4. 简述行动导向教学法教学策略制定的原则和流程。
5. 应用行动导向教学法实施教学过程应该注意哪些问题？

第6章 项目教学法

所谓项目教学，就是将教学内容融入一个个具体的项目中。通过具体项目的实施，体现课程内容的实际价值。这种方法能够直观、生动地展示所要教学的内容，效果明显。另外，这些项目都是经过精心组织的，来源于生产实际，因此具有很好的实际应用价值，对学生未来走上工作岗位并适应工作岗位有一定的帮助。机械工程专业是一个实践性很强的专业，应用项目教学法实施课程教学是非常适合的。

6.1 项目教学法应用分析

项目教学法是一种宏观的教学方法，旨在实现学生学习过程的组织和实施的独立性，使学生更加积极地参与到整个教学过程中，其目标在于发展学生的自我组织能力、团队协作感和自身责任意识。

项目教学是以成果和实践为导向，它有助于学生学到更多课堂以外的知识和技能，有利于将理论知识转化为实践。项目教学法是面向问题的，它通过分析问题和更精确地陈述问题，以及通过寻找和模拟可选的行动途径，试图为问题和结果寻找一个解决方案。项目并不针对非真实的情境，而是针对符合实际情况并有主观和客观利用价值的情境。项目教学法中教师扮演着特殊的角色，他们不仅需要有专业能力，而且必须在项目计划和决策过程中提供必要的帮助。

1. 项目教学法的目标

实施项目教学法教学，可以将课堂教学与"经验世界"联系起来，有利于培养学生的独立性、责任感以及解决生产实际问题的能力，有利于教师传授专业知识、发展学生专业特长的能力，有利于培养学生团队工作的能力，尤其有利于培养学生解决复杂的跨专业问题的能力。

2. 应用领域

项目教学法适合于复杂问题的分析和解决，项目中待解决的问题与企业工作中所面临的问题存在确切的联系，项目的完成具有明确的时间规定。项目教学法尤其适合教师传授操作性知识，项目的实施有明确的计划工作过程以及明确的各小组成员的工作任务，项目通过决策、执行能够完成预定的工作任务和目标。由此可见在工程实践类专业课程的教学中多采用项目教学法教学。

3. 项目教学法的实施过程

项目教学法是一个完整的行动实施过程，分为信息、计划、决策、执行、评价和迁移六个阶段，其实施过程流程如图 6-1 所示。

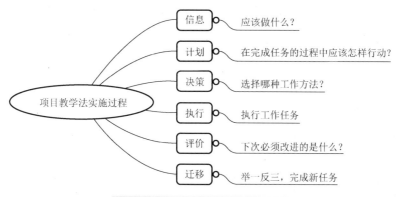

图 6-1 项目教学法实施过程流程图

1)信息(确定目标/提出工作任务)

这一阶段也称为确定主题阶段。原则上项目教学法中的项目要基于所有现实问题进行开发,这样项目的目标和其中的任务就能与职业现实紧密联系。

在这个阶段,教师的任务是开发一个与职业工作实践密切相关的项目主题,项目中有待解决的问题应同时包含理论和实践两个元素,项目成果能够明确定义将设计的项目融入课程教学中,确保项目工作进行的空间、技术和时间等前提条件,项目的目标和任务应由项目所有参与人员共同确定,整个班级或小组协调统一完成一个相同的项目任务,这样可以有效激励参与人员来实施项目,并能唤起所有参与人员的兴趣和参与意识。但是容易出现教师主导确定项目主题的不利局面。

2)计划

在这个阶段,学生针对项目工作设计一个工作计划,教师根据需要给学生提供咨询。

其工作计划的内容包括各个工作步骤综述、工作小组安排、权责分配以及时间安排等。这有助于培养学生独立设计项目实施的具体内容和方法以及自主分配项目任务能力。

3)决策

项目以大组或小组工作的形式进行,学生创造性的、独立开发项目的解决方案。

本阶段中心任务是学生通过调研、实验和研究搜集信息,进行决策,即如何具体实施完成项目计划中所确定的工作任务。

4)执行

本阶段大多以小组工作的形式进行,学生分工合作、创造性地独立解决项目问题。

本阶段中心任务是基于项目计划,学生通过调研、实验和研究来有步骤地解决项目问题,将项目目标规定与当前工作结果进行比较并作出相应调整,这项固定工作要同时进行,这将有助于培养学生的协同工作能力、自我管理与控制意识。

5)评价

评价分为两个步骤。

(1)成果汇报。各小组或由各小组选派的一个或多个代表汇报其项目成果。汇报形式可以多种多样,如全会的形式,或是将其安排到某个庆祝活动中,向所有学生、家长或者企业代表展示学生的项目成果。

(2)检验、评价和讨论。根据之前确定的评价标准,教师和学生共同对项目的成果、学习过程、项目经历和经验进行评价和总结，针对项目问题其他解决方案、项目过程中的错误和成功之处进行讨论，这有助于促进学生形成对工作成果、工作方式以及工作经验进行自我评价的能力。

评价阶段可以对项目成果进行理论性深化，使学生意识到理论和实践间的内在联系，明确项目问题与后续教学内容间的联系。

6）迁移

将项目成果迁移运用到新的同类任务或项目中是项目教学法的一个重要目标，迁移可作为附加教学阶段，或可与评价（第五阶段）结合起来进行，学生迁移运用的能力并不能直接反映出来，而是在新任务的完成过程中体现出来。

由此可见，项目教学法的应用实施，可以使学生的学习兴趣大大提高，能促进团队工作能力的发展，有助于培养学生独立工作的能力以及学生的责任感意识，便于实现实践性的学习任务，尤其适合实践性较强的跨专业的学习过程。但项目教学法对教师的要求较高，且准备工作比较繁重，实施过程占用时间较多，对学生的迁移运用能力要求较高。

4. 项目教学法实施过程中应注意的问题

1）确立的项目要恰当、实用

教师要根据具体的培养方向（掌握新知识、新技能还是培养其他能力或复习以往知识）来确立具体的合适的项目。项目的选择主要考虑以下几个方面：第一，包含全部教学内容并有机地结合多项知识点；第二，难易度要针对学生的实际水平来确定；第三，项目要被大多数学生喜爱，并可以用某一评分标准公平准确地给予评价。

2）项目的实施过程要完整有序

在学生独立完成项目前，教师要进行适当的引导。引导主要包括对新知识的讲解和对项目具体实施的解释。

（1）新知识的讲解要抓重点，避免重复。

（2）教师要解释清楚项目实施的步骤，相关资料要及时给出。同时学生在完成项目的过程中遇到困难，教师应及时给予指导。针对不同层次的学生，教师指导的深度应有所不同。

3）学生项目活动作品的评价

学生在完成作品之后，教师要求他们对作品进行自述、互评。学生通过评分标准先自测、自评，这有利于学生的自主学习，其主要作用是重视学生学习主体，重视学生的反思，以促进学生的发展。学生互评时，让学生对制作成果进行共享，从学生的角度发现问题以及提出改进意见。教师要引导学生尽量客观地从正面进行相互评价；在评价过程中要充分发挥学生的评价能力，适时引导学生通过自我反思和相互评价了解自己的优势与不足，学习别人的特长和优点，以评价促进学习，让学生在互评中相互学习、相互促进，共同提高。

4）项目总结必不可少，并要把项目进行拓展和延伸

项目完成过程是学生自己探索钻研的过程，为了能学众人之长，项目完成后的总结也相当重要。它应包括思路总结和技巧总结。思路总结可以帮助学生明白项目完成的最佳思考方法，找到自己理论上的不足。技巧总结中，"一题多解"是应该极力推荐的，每一种方法不论难易都应该展示给学生，再由教师与学生共同评价各种方法的优缺点及适用范围。这样，学生可以学到更多的操作技巧，全面吸收整个项目活动的精髓。

5)要让每位学生都参与项目，使学生掌握得更全面

（1）引入项目教学法后，在教学过程中，不能让一部分基础差的学生依赖能力强的学生，要让他们在项目推进过程中有事可做，所以在项目分工后还是要求每个学生都有自己的设计结果，在实习指导教师的主持下找出同组学生设计较满意的作品使用，最后通过评议来取舍；项目教学法主要是培养和锻炼学生的实践能力、分析能力、综合能力、应变能力、交流能力、合作能力和解决问题的能力。教学也从以教师传授知识、技能为主，转变为以重视学生职业能力培养和发展为主，这为职业学校学生走向社会，找到自己能胜任而满意的工作有着十分重要的意义。

（2）引入项目教学法，使学生由被动接受的学习方式向主动探索、自主学习的学习方式的转变建立一个台阶。

6)项目的课时应控制得当

教师应根据每一个具体的项目制定合理课时，既不能过少，也不能过多。过多，则学生在规定的课时内完成不了而逐渐失去兴趣；过少，则可能造成学生出现无事可做的局面而影响课堂效率。

6.2　项目教学法教学案例一

项目名称：数控机床的安装

1. 项目实施背景材料

数控机床在购买时，都签订了一定的标准要求，在机床到位以后必须要检验这些机床是否达到这些标准。

数控机床即使在出厂时，一切技术参数都符合相关的标准。但是机床在包装运输过程中，可能会因为各种原因，引起机床的各部分的位置关系发生变化，导致某些零部件磨损或者损坏。

数控机床的精度，不仅受制造环节的影响，而且受机床使用环境、机床安装调试水平的限制。

通过调整机床的相关部件以及相关参数能够改善机床性能。

首先向学生介绍本次实训涉及的概念以及本次实训在实际工作中的用途，如图 6-2 所示。

(a) 教师讲解项目背景知识　　　　　　　　(b) 观看录像了解项目背景知识

图 6-2　项目实施背景材料的获取

2. 项目实施的目的

(1)掌握项目教学法在具体项目实施中的应用方法。

(2)掌握数控机床在安装时需要做的准备工作。

(3)掌握数控设备开箱应做的工作。

(4)掌握数控设备安装的内容与步骤。

实际工作中具体问题的描述。项目教学的题目要来源于实践。数控机床的安装就是采用这种方式。

3. 项目实施的任务

某机械制造企业因扩大生产规模，购买了四台全新的三坐标数控车床，需要进行该数控机床的安装。现由学生按照合同要求的各项标准，以及通行的检验验收标准进行机床的安装。以使机床能够满足用户的生产需要。

思考题：企业在购买数控机床后为什么要进行调试和验收？要求学生查找有关数控机床的验收标准。

4. 所需设备

未开箱的数控车床 4 台、吊装设备 1 台、通用安装工具 4 套。

5. 项目实施的内容

1)项目组的产生

(1)由教师帮助学生分组，要求能力强的学生和能力弱的学生合理搭配；男生、女生尽量搭配；不熟悉的学生尽可能在一个组；性格不同的尽可能分到一个组。

现在有 4 台数控车床需要安装，因此我们决定分成 4 个项目组，如图 6-3 所示。

(a)学生分 4 组讨论项目实施方案

(b)学生在车间制定项目实施方案

图 6-3　项目组分工与讨论

这样分组的目的是培养学生团队精神和与陌生人交往的能力。

(2)让每个项目组民主产生一位项目负责人。该负责人要负责整个项目，从项目规划，到人员分工，到设备的安装、调试和验收过程，直至最后总结汇报。

这样做培养学生组织整个项目的能力。一般情况下项目经理实行轮换制，具体每个分工也是轮换制，这样确保每个人都有锻炼的机会。

2) 项目实施方案的确定

(1) 项目负责人组织项目组成员集体讨论,分析项目要求,初步确定项目实施的整体方案。

(2) 项目负责人整理大家意见,制定出整体项目实施方案。

(3) 项目负责人画出项目实施流程图,并向大家详细说明,大家要认真讨论。

(4) 由项目负责人向指导教师汇报项目实施方案和项目实施流程图,指导教师同意后可以开始实施。

指导教师要耐心听取学生的项目实施方案,鼓励学生有创新,在思路上引导学生。

3) 项目实施任务分工

(1) 项目负责人向项目组成员讲清项目实施方案和项目实施流程图,统一项目实施的思想。

(2) 在所有人员对项目实施任务都比较清楚的基础上进行分工。

① 项目负责人。

② 项目实施拓扑结构图部分完成人。

③ 数控机床安装地基准备部分完成人。

④ 电源准备部分完成人。

⑤ 气源准备部分完成人。

⑥ 搬运、拆箱和就位部分完成人。

⑦ 设备和资料清点部分完成人。

⑧ 设备安装部分完成人。

⑨ 项目实施报告制作部分完成人。

⑩ 项目实施汇报部分完成人。

项目实施过程中有分工,有合作,所有人应在统一项目实施思想指导下完成各自的工作。在确定项目实施方案的基础上,大家对项目实施应该有一个明确的思路,每人根据分工独立地完成各自的任务。完成后要向大家解释说明。

4) 项目实施步骤

讨论项目要求→制定项目实施的方法和步骤→画出项目实施流程图→准备数控机床的安装地基→准备电源、气源→搬运、拆箱、设备、资料清点→设备安装→项目组进行总结→写出项目实施报告→把项目实施报告做成幻灯片→由项目负责人进行汇报→各项目组进行总结评比。

第一步：项目实施规划——画出项目实施流程图。

第二步：数控机床安装地基的准备。

(1) 查阅相关规范。

(2) 与机床生产厂商联系,索取相关机床对地基的要求,机床外形尺寸,以及底座形状和尺寸。并且要求机床生产厂提供机床的地基图。

(3) 按照相关规范的要求,以及机床厂商提供的机床外形尺寸、机床地基图,准备相关的安装场地,做好机床安装基础。

第三步：准备电源。数控机床是机电一体化高度集成的设备,其中的控制系统和伺服系统对电源有较高的要求。主要的要求如下。

(1) 电压波动范围应该为-15%～+10%。

(2)对于场内有多个用电设备，应该避免多个设备共用一个电源。

(3)对于同一台套机床上的不同附件，应改将电源接到统一电源上(通常附件都由机床自身提供)。

(4)按照机床厂商提供的机床总功率，准备相应的电源、稳压设备及线缆。

第四步：准备气源。现在数控机床上通常都会有使用压缩空气的附件或机构。如换刀机构、松紧刀机构等。因此现在数控机床在工作时一般都要求准备，压缩空气以供上述机构使用。对于提供给数控机床的压缩空气，通常会有以下要求。

(1)压力：应该达到机床厂商提供的压力参数。

(2)流量。

(3)清洁度。

(4)干燥度。

第五步：拆箱、搬运和就位。机床到达用户厂区内，需要将机床从运输工具上卸载下来，将机床搬运到用户的指定位置。如图 6-4 所示，这个过程牵涉到以下几个环节。

(1)拆箱。在这个环节，首先要注意拆箱前包装箱的状态。如果有破损，就要注意有没有损坏机床。如果有条件可以在开箱前，用数码相机将包装箱外观拍摄下来。拆箱时要注意，拆除外包装的顺序，不要使包装箱砸到机床。

(2)吊装。机床吊装应该是一个非常专业的工作，所以应该由专业的吊装人员来完成。但是应该在现场，根据机床吊装图确定吊装位，以及准备适当的吊具(或者生产商会随机提供)。

(3)就位。机床就位，是将机床从卸载现场搬运至机床安装位。机床就位也是一项专业性比较强的工作，因此这项工作也应由专门的人员来完成。用户或生产商的技术人员，应该指导搬运人员将机床就位时应该安装的地脚螺栓等安装到位，并且将混凝土灌注到位。如图 6-4 所示。

(a)拆箱　　　　　　　　　　(b)搬运　　　　　　　　　　(c)就位

图 6-4　拆箱、搬运和就位图解

第六步：设备和资料清点。

(1)设备清点。根据合同，对机床铭牌进行核对，看型号是否相符。

(2)设备附件清点。机床在开箱后，很多机床还没有安装的附件，以及随机赠送的附件和零配件，需要移交给专人保管，以免遗失。

(3)机床资料清点。数控机床随机的资料比较多，一般有《机械说明书》《操作说明书》《电气手册》《系统操作说明书》《系统编程手册》《系统参数说明书》《系统维护手册》，还包括一些附件的说明书、系统的保修证书等。资料种类比较庞杂，数量繁多，因此必须分门别类地进行登记和保管。

第七步：设备的安装。

(1)接通电源、气源。按照数控机床铭牌上的要求，接入适合的电源。在电源接入数控机床前，必须确认电源符合机床要求。

(2)机床上电。在确认机床接入了正确电源后，打开机床强电开关，启动系统，确认系统运行正常。根据机床上的某一个电气附件的运行状态，确认机床电源的相序正确与否。

(3)机床安装。在机床上电后，按照机床机械手册的指引，去除机床的紧固件以及支撑部件。去除机床厂商在机床移动部件上涂抹的防锈油或者其他防锈层，安装好防护罩。

(4)机床附件安装。安装机床附件，必须要按照说明书、机床上以及附件上的标识，正确地连接电缆线以及各种各样的管线。通常，每一种附件的电缆及管线的外形尺寸，都有差异。即使没有差异，在附件的电缆及管线上，均有一致的标识。在附件安装完成以后，要再次确认每一种附件的运行状态正确，否则就要调整电源的相序。

5)项目实施出现的问题及解决办法

要写出你所完成的部分遇到的问题，分析出现问题的原因，你是如何解决的，把判断、分析以及解决过程要记录下来。

这是项目实施过程比较重要的部分，没有遇到问题不一定是好事，项目实施的目的之一就是培养解决问题的能力。

6)项目实施总结

在项目实施过程中有哪些收获，通过实施项目你掌握了哪些知识和技能，另外也可指出你还有哪些地方不明白，有哪些疑问等。

通过总结把项目实施进行升华，以提高学生的综合职业能力。

7)根据以上情况写出项目实施报告

项目实施报告可以一组一份，也可以每人把自己做的写出来，项目负责人最后整理，形成一个比较完善的项目实施报告。

学生不仅要做出来，还要讲明白。

8)各项目组负责人进行汇报

把以上内容做成 PPT，由项目负责人进行汇报，全班同学可以边听边提问题，各组学生给打一个分，教师给打一个分。评选出优秀的项目组进行奖励。

通过制作 PPT 还可以提高中等职业整体素质。

9)教师总结及评价

根据各项目组完成过程的具体情况，指出做得好的地方，同时还要指出问题所在，另外还要对学生的职业素质进行讲评，包括汇报片制作，语言表达能力，回答问题的能力，组织协调能力，总结能力等。

这是各组互相交流的机会，通过提问或被提问，学生自己要搞清楚所做的内容，教师可以对提问的学生或回答比较好的学习进行加分。

制定评价内容及标准，建立能力的评定等级，项目成绩评定等，如表 6-1～表 6-5 所示。

本课程贯彻综合化考核原则，理论知识与实践技能考核相结合，单一能力与综合能力考核相结合，个别与群体考核相结合，全面考核学生的知识、能力和综合素质。以过程考核为主，考核涵盖项目全过程，主要从项目操作实施来进行考核。

由于实施了任务驱动教学法，为实施过程考核提供了条件。本课程采用过程考评(项目考评)与期末考评(卷面考评)相结合的方法，强调过程考评的重要性。过程考评占 70 分，期末考评占 30 分，取代了依靠一次期末考试来确定成绩的方式。

表 6-1　考核评价要求

考评方式	过程考评(项目考评)70%			期末考评(卷面考评)30%
	素质考评	工单考评	实操考评	
考评实施	由指导教师根据学生表现集中考评	由主讲教师根据学生完成的工单情况考评	由实训指导教师对学生进行项目操作考评	按照教考分离原则，由学校教务处组织考评
考评要求	严格遵循生产纪律和 5S 操作规范，主动协助小组其他成员共同完成工作任务，任务完成后清理场地等	认真撰写和完成任务工单，准确完整、字迹工整	积极回答问题、掌握工作规范和技巧，任务方案正确、工具使用正确、操作过程正确、任务完成良好	建议题型：单项选择题、多项选择题、判断题、问答题、论述题

注：造成设备损坏或人身伤害的本项目计 0 分。

每个学习项目的过程考核都有详细标准，表 6-2 是一个学习项目的考核标准。

表 6-2　考核方式与标准

项目编号	考核点及占项目分值比	建议考核方式	评价标准			备注
			优	良	及格	
项目(**)	1. 查找数控机床的安装与验收标准(10%)	教师评价+互评	能快速查阅数控机床的安装与验收标准、数控机床的机械、电气安装资料	能查阅数控机床的安装与验收标准、数控机床的机械、电气安装资料	能查阅部分数控机床的安装与验收标准、数控机床的机械、电气安装资料	
	2. 安装前的准备(20%)	教师评价+互评	迅速准备电源、气源，迅速完成拆箱、搬运和就位，设备和资料迅速清点完成，并加以分类登记和保管，工作流程周密，工作计划合理	能准备电源、气源，能完成拆箱、搬运和就位，设备和资料能清点完成，并加以分类登记和保管，工作计划合理	准备电源、气源，完成拆箱、搬运和就位，设备和资料清点完成，工作计划基本合理	
	3. 机床安装(30%)	教师评价+自评	正确使用工具、仪表、仪器，自行快速进行数控机床的安装与调试	正确使用工具、仪表、仪器，能自行进行数控机床的安装与调试	使用工具、仪表、仪器，通过指导能进行数控机床的安装与调试	
	4. 工作单(15%)	教师评价	填写规范、内容完整，有详细过程记录和分析，并能提出一些新的建议	填写规范、内容完整，有详细过程记录和分析	填写规范、内容完整，有较详细的过程记录	
	5. 项目公共考核点(25%)		见表 6-3			

表 6-3　项目公共考核评价标准

项目公共考核点	建议考核方式	评价标准		
		优	良	及格
职业道德安全生产(30%)	教师评价+自评+互评	具有良好的职业操守：敬业、守时、认真、负责、吃苦、踏实；安全、文明工作：正确准备个人劳动保护用品；正确采用安全措施保护自己，保证工作安全	安全、文明工作，职业操守较好	没出现违纪违规现象
学习态度(20%)	教师评价	学习积极性高，虚心好学	学习积极性较高	没有厌学现象

续表

项目公共 考核点	建议考核 方式	评价标准		
		优	良	及格
团队协作精神 （15%）	互评	具有良好的团队合作精神，热心帮助小组 其他成员	具有良好的团队合作精神，能帮助小组其他成员	能配合小组完成任务
创新精神和 能力（15%）	互评+教师 评价	能创造性地学习和运用所学知识，在教师的指导下，能主动、独立地学习，并取得创造性学习成就；能用专业语言正确流利地展示项目成果	在教师的指导下，能主动、独立地学习，有创新精神；能用专业语言正确、较为流利地阐述项目	在教师的指导下，能主动、独立地学习；能用专业语言基本正确地阐述项目
组织实施能力 （20%）	互评+教师 评价	能根据工作任务，对资源进行合理配合，同时正确控制、激励和协调小组活动过程	能根据工作任务，对资源进行合理配合，同时较正确控制、激励和协调小组活动过程	能根据工作任务，对资源进行分配，同时控制、激励和协调小组活动过程，无重大失误

表 6-4　能力的评定等级

等级	评价标准
4	C. 能高质、高效地完成此项技能的全部内容，并能指导他人完成 B. 能高质、高效地完成此项技能的全部内容，并能解决遇到的特殊问题 A. 能高质、高效地完成此项技能的全部内容
3	能高质、高效地完成此项技能的全部内容，并不需任何指导
2	能高质、高效地完成此项技能的全部内容，并偶尔需要帮助和指导
1	能高质、高效地完成此项技能的部分内容，但在现场的指导下，能完成此项技能的全部内容

表 6-5　项目成绩评定

教师评语及改进意见	学生对课业成绩的反馈意见

注：合格表示全部项目都能达到 3 级水平；良好表示 60%项目能达到 4 级水平；优秀表示 80%项目能达到 4 级水平。

10）项目实施作业

反复看本组项目实施报告和汇报片，深刻体会每一步骤，写出项目实施总结。

6.3　项目教学法教学案例二

项目名称：步进驱动单元的故障诊断

课程名称：机电设备故障诊断

课程性质：必修课（　）选修课（√）

项目名称：步进驱动单元的故障诊断

授课方式：理论课（　）实验课（　）实训课（√）

教学时数：8 学时

授课时间：　　　　年　　月　　日

1. 教学目的

(1) 掌握步进电动机的工作原理；

(2) 掌握步进驱动的常见故障及解决办法；

(3) 了解步进电动机综合性能。

2. 实训内容

(1) 步进系统在正常情况下的运行试验；

(2) 步进系统在高速时的丢步试验；

(3) 步进系统的缺相运行试验；

(4) 步进系统在低频时的共振运行试验；

(5) 命令脉冲信号断路故障试验；

(6) 方向脉冲信号断路故障试验。

3. 实训设备

(1) RS-S1/S2 数控机床综合培养系统；

(2) 万用表；

(3) 示波器；

(4) 逻辑笔；

(5) 脉冲发生笔；

4. 教学过程

1) 获取信息(查阅、收集资料，教师讲解，以此使学生获得相应的背景知识)

(1) 步进驱动系统为开环系统，数控系统向步进驱动器发出指令脉冲，驱动器按脉冲信号输出相应的脉冲功率驱动电机运转。在电机端无执行情况监测、反馈，故称为开环系统。正常情况下，电动机会忠实地执行系统所发出的命令，如图 6-5 所示。

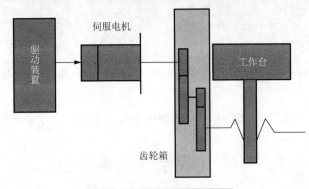

图 6-5　步进驱动系统原理图

(2) 由于开环系统无反馈检测，所以系统发出的命令值，如因某种原因不能得到执行，系统无法进行报警监控，而形成运行误差。此现象通常称为步进电动机的丢步现象。形成丢步的主要因素有电机的输出扭矩小于驱动负载所需要的扭矩，电源供电故障，电机断相等。

(3) 步进驱动：根据电机的结构，有不同的步距角(即每个脉冲电机所旋转的角度)，如西门子 6FC5548 系列五相二十拍步进电动机步距角为 0.36°，系统每发出 1000 个脉冲，电机旋转 1000 个步距角，即电机旋转一周。

例如，数控系统执行加工程序 G91 G1 Z100 F1000，步进电动机步距角为 0.36°，Z 轴电机与丝杆为直连，Z 轴丝杆螺距 10mm。执行完该程序电机所转的圈数为 100/10=10 圈，系统所发的脉冲为 10×360/0.36=10000 个。

四通 86 系列二相四拍混合式步进电动机步距角为 0.9°，系统每发出 400 个脉冲，电机旋转 400 个步距角，即电机旋转一周。

(4)步进电动机的输出扭矩随电机转速的升高而下降，所以步进电动机在高速运行时，因有时会有丢步现象。又由于步进电动机是以脉动方式工作的，所以在低频的某一频率段会与机床产生共振，影响加工，这些都要修改加工程序予以避开，如图 6-6 所示。

(5)步进驱动器工作的三组脉冲信号：P+，P-；D+，D-；E+，E-；其中 P 为命令脉冲，D 为方向脉冲，E 为使能脉冲(有些驱动器无须此信号)。

西门子 6FC5548 系列五相二十拍步进电动机扭矩特性图如图 6-6 所示。

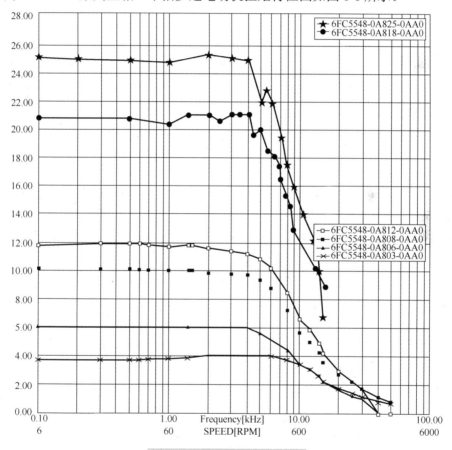

图 6-6 步进电动机扭矩特性图

2)制定计划(分组讨论)

(1)由教师帮助学生分组。要求能力强的学生和能力弱的学生合理搭配；男生、女生尽量搭配；不熟悉的学生尽可能在一个组；性格不同的尽可能分到一个组。

根据实验室现有 4 台 RS-S1/S2 数控机床综合培养系统，因此决定分成 4 个项目组。

(2)让每个项目组民主产生一位项目负责人。该负责人要负责整个项目，从项目规划，到人员分工，到实训过程的实施，直至最后总结汇报。

(3) 分组初步拟定实训方案，绘出项目实施的技术路线。

3) 作出决策(教师主持、全班讨论)

(1) 各项目组负责人介绍实训方案。

(2) 各小组相互提问、讨论。

(3) 最后教师点评，确定实训具体方法与步骤。

4) 项目执行(学生自主完成，教师跟踪指导)

(1) 将以下 NC 机床数据-轴数据，按机床实际情况设置好。机床电机为二相四拍步进电动机，丝杆螺距为 4mm，步进电动机与丝杆之间减速一倍，根据计算，设置好下列参数，重新启动数控系统后，方可进行下一步操作。

将参数设置好填入表 6-6。

表 6-6　参考设置表

参数号	参数含义	X 轴	Y 轴	Z 轴
MD 30130	命令值输出形式			
MD 30240	反馈类型			
MD 34200	参考点零脉冲形式			
MD 31020	电机每转的步数			
MD 31400	同 MD 31020			
MD 32260	电机最大转速			
MD 31030	机床坐标轴的丝杆螺距			
MD 31050	电机与丝杆间的减速比分子			
MD 31060	电机与丝杆间的减速比分母			
MD 32000	坐标轴最大速度(G00 速度)			
MD 32010	点动快速			
MD 32020	点动速度			
MD 36200	坐标轴速度限制			

(2) 正常运行实验：将系统工作方式置于 JOG 方式，将倍率开关旋至 100%，按动+X 键(或+Z 等其他轴运行键)，观察轴运行情况(注意不要超程)。

将系统工作方式置于 MDA 或 AUTO 方式，将倍率开关旋至 100%，编一程序：G91 G94 G1 X10　Z10 F200，并按 NC 启动键执行，观察轴运行情况(注意不要超程)。

(3) 丢步试验：将 MD32000 与 MD36200 设置为大于实际计算出的数值，然后重新启动 NC，在 MDI 或 AUTO 方式下编一程序：G94 G91 G0 Z100，将进给倍率开关置于 100%～120%，观察轴运行情况(注意不要超程)。

(4) 缺相运行试验：在 MDI 或 AUTO 方式，编一程序 G94 G91 Gl Z100 F100，将倍率开关旋至 100%，启动程序，将步进驱动模块上 Z 轴的 A、A'之间的旋钮开关拨至断开位置，观察轴运行情况(注意不要超程)。

(5) 共振试验：在 MDI 或 AUTO 方式，编一程序 G94 G91 Gl Z100 F100，将倍率开关旋至 100%，启动程序，倾听机床运行的声音，逐步旋小倍率开关至 0，观察机床在什么速度下声音最大，可以确定该点离共振点最近。

(6) 命令脉冲信号断路故障试验：将某一轴 P+、P-拨码开关设置为故障状态，此时 P+、P-处于断开位置，将系统置于 JOG 方式，按动相应轴的轴运行键，观察机床运行情况。

由于 P+、P- 都处于断开位置，此时由于驱动器无命令脉冲，所以坐标轴无运行反应，用示波器观察各相应端子上的脉冲波形。

(7)方向脉冲信号断路故障试验：将某一轴 D+、D- 拨码开关设置为故障状态，将系统置于 JOG 方式，按动相应轴的正方向轴运行键，观察机床运行情况：再按动相同轴的负方向轴运行键，观察机床运行情况：此时，由于驱动器无方向脉冲，所以坐标轴只会朝一个方向运动。

5. 控制与检验(学生自主完成，教师跟踪指导)

在项目执行过程中，学生要不断观察设备的状况，实验的过程，仪器仪表的显示信息，发现问题及时处理并做好详细记录，要写出你所完成的部分遇到的问题，分析出现问题的原因及解决方案，把判断、分析以及解决过程要记录下来。

6. 评价

1)项目实施总结

在项目实施过程中有哪些收获，通过实施项目你掌握了哪些知识和技能，另外也可指出你还有哪些地方不明白，有哪些疑问等。

通过总结把项目实施进行升华，以提高学生的综合职业能力。

2)根据以上情况写出项目实施报告

项目实施报告可以一组一份，也可以每人把自己做的写出来，项目负责人最后整理，形成一个比较完善的项目实施报告。

学生不仅要做出来，还要讲明白。

3)各项目组负责人进行汇报(学生自评与互评)

把以上内容做成 PPT，由项目负责人进行汇报，全班同学边听可以边提问题，各组学生给打一个分值，教师给打一个分值。评选出优秀的项目组进行奖励。

通过制作 PPT 还可以提高中等职业教育整体素质。

4)教师总结(教师点评)

根据各项目组完成过程的具体情况，指出做得好的地方，同时还要指出问题所在，另外还要对学生的职业素质进行讲评，包括：汇报片制作，语言表达能力，回答问题的能力，组织协调能力，总结能力等。

制定评价内容及标准，建立能力的评定等级，项目成绩评定等，如表 6-7 所示。

表 6-7　考核评价要求

考评方式	过程考评(项目考评)70%			期末考评(卷面考评)30%
	素质考评	工单考评	实操考评	
考评实施	由指导教师根据学生表现集中考评	由主讲教师根据学生完成的工单情况考评	由实训指导教师对学生进行项目操作考评	按照教考分离原则，由学校教务处组织考评
考评要求	严格遵循生产纪律和 5S 操作规范，主动协助小组其他成员共同完成工作任务，任务完成后清理场地等	认真撰写和完成任务工单，准确完整、字迹工整	积极回答问题、掌握工作规范和技巧，任务方案正确、工具使用正确、操作过程正确、任务完成良好	建议题型：单项选择题、多项选择题、判断题、问答题、论述题

注：造成设备损坏或人身伤害的本项目计 0 分。

每个学习项目的过程考核都有详细标准，表 6-8～表 6-11 是学习项目的考核标准。

表 6-8 考核方式与标准

项目编号	考核点及占项目分值比	建议考核方式	评价标准			成绩比例(%)
			优	良	及格	
项目(**)	1. 查找相关资料、掌握背景知识(10%)	教师评价+互评	能快速、准确查找步进电动机驱动的相关资料和背景知识	能准确查找步进电动机驱动的相关资料和背景知识	能查找步进电动机驱动的相关资料和背景知识	10
	2. 设置数控机床数据和轴数据(20%)	教师评价+互评	能正确、快速将数控机床数据和轴数据按机床实际情况设置好	能正确将数控机床数据和轴数据按机床实际情况设置好	能将数控机床数据和轴数据按机床实际情况设置好	
	3. 操作实施(30%)	教师评价+自评	能正确、快速完成6种步进电动机运行和故障诊断实验	能正确完成6种步进电动机运行和故障诊断实验	能完成4种以上步进电动机运行和故障诊断实验	
	4. 工作单(15%)	教师评价	填写规范、内容完整,有详细过程记录和分析,并能提出一些新的建议	填写规范、内容完整,有详细过程记录和分析	填写规范、内容完整,有较详细过程记录	
	5. 项目公共考核点(25%)		见表6-9			

表 6-9 项目公共考核评价标准

项目公共考核点	建议考核方式	评价标准		
		优	良	及格
职业道德安全生产(30%)	教师评价+自评+互评	具有良好的职业操守:敬业、守时、认真、负责、吃苦、踏实;安全、文明工作:正确准备个人劳动保护用品;正确采用安全措施保护自己,保证工作安全	安全、文明工作,职业操守较好	没出现违纪违规现象
学习态度(20%)	教师评价	学习积极性高,虚心好学	学习积极性较高	没有厌学现象
团队协作精神(15%)	互评	具有良好的团队合作精神,热心帮助小组其他成员	具有良好的团队合作精神,能帮助小组其他成员	能配合小组完成任务
创新精神和能力(15%)	互评+教师评价	能创造性地学习和运用所学知识,在教师的指导下,能主动地、独立地学习,并取得创造性学习成就;能用专业语言正确流利地展示项目成果	在教师的指导下,能主动、独立地学习,有创新精神;能用专业语言正确、较为流利地阐述项目	在教师的指导下,能主动、独立地学习;能用专业语言基本正确地阐述项目
组织实施能力(20%)	互评+教师评价	能根据工作任务,对资源进行合理配合,同时正确控制、激励和协调小组活动过程	能根据工作任务,对资源进行合理配合,同时较正确控制、激励和协调小组活动过程	能根据工作任务,对资源进行分配,同时控制、激励和协调小组活动过程,无重大失误

表 6-10 能力的评定等级

等级	评价标准
4	C. 能高质、高效地完成此项技能的全部内容,并能指导他人完成
	B. 能高质、高效地完成此项技能的全部内容,并能解决遇到的特殊问题
	A. 能高质、高效地完成此项技能的全部内容
3	能高质、高效地完成此项技能的全部内容,并不需任何指导
2	能高质、高效地完成此项技能的全部内容,并偶尔需要帮助和指导
1	能高质、高效地完成此项技能的部分内容,但在现场的指导下,能完成此项技能的全部内容

表 6-11　项目成绩评定

教师评语及改进意见	学生对课业成绩的反馈意见

注：合格表示全部项目都能达到 3 级水平；良好表示 60% 项目能达到 4 级水平；优秀表示 80% 项目能达到 4 级水平。

　　本课程贯彻综合化考核原则，理论知识与实践技能考核相结合，单一能力与综合能力考核相结合，个别与群体考核相结合，全面考核学生的知识、能力和综合素质。以过程考核为主，考核涵盖项目全过程，主要从项目操作实施来进行考核。

　　由于实施了任务驱动教学法，为实施过程考核提供了条件。本课程采用过程考评（项目考评）与期末考评（卷面考评）相结合的方法，强调过程考评的重要性。过程考评占 70 分，期末考评占 30 分，取代了依靠一次期末考试来确定成绩的方式。

7. 实训作业

反复观看本组项目实施报告和汇报片，深刻体会每一步骤，写出实训总结。

思　考　题

1. 简述项目教学法的含义。
2. 简述项目教学法的优点与局限性。
3. 教师在项目教学法中应扮演什么角色？
4. 项目实施过程中教师应如何进行引导？
5. 运用项目教学法的基本步骤组织并实施一次教学过程。

第7章　实验教学法

一个实验是一个归纳认识方法的教学方案。它以一个技术或自然科学现象为出发点，在被监控和受限的条件下重现/模拟现象并对其进行分析。实验教学法是学生在教师的指导下，使用一定的设备和材料，通过控制条件的操作过程，引起实验对象的某些变化，从观察这些现象的变化中获取新知识或验证知识的教学方法。

7.1　实验教学法应用分析

实验是一个获得数据和信息的体验过程，它是验证一种假设的过程。实验是为了检验一个或多个独立变量的改变与改变后的效果，或整个实验的改变与其改变后的效果。实验方式有书面测试或实际操作测试。

1. 实验教学法的目标

实验教学法是随着近代自然科学的发展兴起的。随着现代科学技术和实验手段的飞跃发展，实验教学法在中等职业学校专业课教学中发挥着越来越大的作用。通过实验教学法，可以使学生把一定的直接知识同书本知识联系起来，以获得比较全面的知识，又能够培养他们的独立探索能力、实践操作能力和科学研究兴趣。它是提高自然科学有关学科教学质量不可缺少的条件。

2. 应用领域

原则上，实验可以分为研究性实验和教学性实验两种。研究性实验是通过数量和质量过程检验未知的联系；教学性实验是以交流为目的，通过实验来理解其合理性以及内在联系。对于学生来说，合理性和内在联系是未知的，他们将实验当成研究性检验来做。

实验教学法因实验的目的和时间不同，可分为学习理论知识前打好学习基础的实验、学习理论知识后验证性的实验、巩固知识的实验。因进行实验组织方式的不同，可分为小组实验和个别独立实验。在现代教学中，为了加强学生能力的培养，更加重视让学生独立地设计和进行实验。

3. 实验教学法的实施过程

实验教学法的实施过程分为如下六步，如图 7-1 所示。

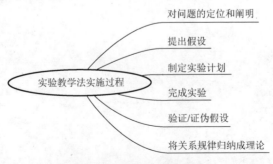

对问题的定位和阐明

提出假设

制定实验计划

实验教学法实施过程

完成实验

验证/证伪假设

将关系规律归纳成理论

图 7-1　实验教学法实施过程

(1)对问题的定位和阐明。切入阐述问题现象或由学生自己提出和阐明问题。由学生介绍实验目的、所需工具、条件和实验过程。

(2)提出假设。分析问题现象，由此可能会让知识缺陷问题变得清晰明了，列出存在的问题，把期待的结果描述成准备检验的假设。

(3)制定实验计划。制定实验方案，确定应用哪些检测或实验方法能够对假设进行验证，并计划工作步骤，解释并介绍实验装置，绘制结构草图等。

(4)完成实验。按照计划准备实验装置，完成实验并书写实验报告或者描述测量顺序。

(5)验证/证伪假设。评估测量结果的目的是获取有质量的结论，计算测量，确定测量顺序并绘制图表，口头论述结果，接着对照假设，目的是验证或者证伪假设。

(6)将关系/规律归纳成理论。将所获取的各种知识和关系归纳到更高一层的理论，获得的部分结论起到解释和说明规律的作用，实验的范例性将被转化为基本结论。

实验教学法的运用，一般要求：①教师事前做充分准备，进行先行实验，对仪器设备、实验材料要仔细检查，以保证实验的效果和安全。②在学生实验开始前，对实验的目的和要求、依据的原理、仪器设备安装使用的方法、实验的操作过程等，通过讲授或谈话作充分的说明，必要时进行示范，以增强学生实验的自觉性。③小组实验尽可能使每个学生都亲自动手。④在实验进行过程中，教师巡视指导，及时发现和纠正出现的问题，进行科学态度和方法的教育。⑤实验结束后，由师生或由教师进行小结，并由学生写出实验报告。

7.2　实验教学法教学案例一

案例名称：气缸体的检修实验

实验教学法案例要充分符合实验教学法的实施过程，按照学生为主、教师为辅的行动导向教学原则，开发气缸体的检修实验案例如下。

1. 教学对象

中等职业学校机械工程专业高年级的学生，已学过机械制图、金属工艺学、极限配合与技术测量、机械设备维修工艺等课程。

2. 教学目的及要求

使学生掌握气缸体常见损伤的检验方法，培养学生正确使用量缸表、外径千分尺、百分表、塞尺等常用工具的能力，并使学生熟悉气缸的镗、磨方法及要求，掌握镶换气缸套的操作方法。

3. 实验工具、仪器与设备

气缸体的修理所使用的主要工具、仪器和设备如下。

(1)钢直尺、塞尺(或平面检验仪)、曲轴主轴座孔同轴度检验专用心轴、外径千分尺、量缸表、弹簧秤。

(2)气缸体水压实验设备、压床等。

4. 实验内容

气缸体结合面的平面度误差的检验，气缸磨损程度的检验等。

5. 实施过程和步骤

1) 对问题的定位和阐明

在机械发生故障的各种原因中，磨损是主要的，占修理零件的 80%以上，但实践中人们发现，对于许多总成，虽然将各零件的磨损部位都恢复到原有的尺寸、形状和表面质量，但使用效果常常达不到原有水平，使用寿命也缩短很多。研究发现，导致这一结果的原因是零件有变形，特别是基础零件(如缸体、变速器壳体等)发生了变形，相互间位置精度遭到了破坏，影响了总成各零部件间的相互关系。本实验主要进行气缸体结合面的平面度误差的检验和气缸磨损程度的检验。

2) 提出假设

(1)气缸体上顶面的平面度误差应不大于 0.15mm，气缸盖下平面的平面度误差应不大于 0.10mm，平面度误差超出标准时，应予以修复。由此学生提出如下假设：

① 气缸体上顶面的平面度误差小于 0.15mm，气缸盖下平面的平面度误差应小于 0.10mm。

② 气缸体上顶面的平面度误差大于 0.15mm，气缸盖下平面的平面度误差应小于 0.10mm。

③ 气缸体上顶面的平面度误差小于 0.15mm，气缸盖下平面的平面度误差应大于 0.10mm。

④ 气缸体上顶面的平面度误差大于 0.15mm，气缸盖下平面的平面度误差应大于 0.10mm。

(2)在正常使用情况下，气缸沿高度方向磨损成上大下小的锥形，活塞处于上止点位置时第一道活塞环对应的缸壁处磨损最大(在空气滤清器失效的情况下，则会呈现中间大两头小的腰鼓形磨损)；在径向截面内呈不规则的椭圆形磨损，最大磨损一般发生在气缸的前后方向或左右方向。因此，在测量气缸的磨损时，通常是取上、中、下三个截面，并在气缸的前后和左右两个方向进行测量。由此学生提出如下假设：

① 气缸的磨损发生在前方。

② 气缸的磨损发生在后方。

③ 气缸的磨损发生在左方。

④ 气缸的磨损发生在右方。

3) 制定实验计划

(1)实验时间、地点安排。

实验时间：　　　年　　月　　日，上午 8:00—12:00

实验地点：机械设备维修第一实验室

(2)小组分工。学生自主分组，并明确各自分担任务的职责。本实验学生分为两个小组，一个小组负责气缸体结合面的平面度误差的检验，另一个小组负责气缸磨损程度的检验，每个小组由 4~6 人组成。

(3)准备实验工具、仪器与设备。

① 钢直尺、塞尺(或平面检验仪)、曲轴主轴座孔同轴度检验专用心轴、外径千分尺、量缸表、弹簧秤。

② 气缸体水压实验设备、压床等。

4) 完成实验

(1) 气缸结合面平面度的检验，如图 7-2 所示。

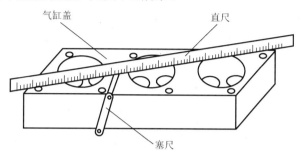

图 7-2 气缸结合面平面度的检验

① 将气缸体平放在工作台上。

② 用塞尺和直尺配合进行测量，注意在配合测量中，要进行交换不同方向的测量；塞尺的最大读数就是结合面的平面度误差。

(2) 气缸磨损程度的检验，如图 7-3 所示。

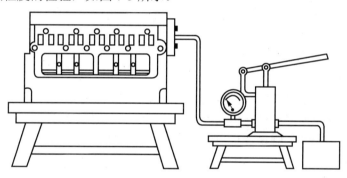

图 7-3 气缸磨损程度的检验

组装量缸表：根据被测气缸的直径，选择合适长度的接杆接于量缸表的下端，并将百分表装于表杆上端的安装孔中。

校对量缸表的尺寸：将外径千分尺调到所量气缸的标准尺寸，然后将量缸表校对到外径千分尺的尺寸，并转动表盘使表针对正零位。

测量气缸直径：在气缸中取上、中、下三个截面，在每一个截面上沿着发动机的前后方向和左右方向分别测量气缸的直径。

计算气缸的圆度和圆柱度误差。

气缸的圆度和圆柱度误差超过规定值时，应进行镗磨修理。

5) 验证/证伪假设

根据实验记录的数据可知，气缸体上顶面的平面度误差为 0.20mm，气缸盖下平面的平面度误差为 0.08mm，需要对上顶面进行修复。

气缸径向的圆度和圆柱度误差超过规定值，最大磨损发生在气缸的前方，应进行镗磨修理。

6) 归纳结论

(1) 气缸体上顶面的平面度误差应不大于 0.15mm，气缸盖下平面的平面度误差应不大于 0.10mm，平面度误差超出标准时，应予以修复。

(2) 在正常使用情况下，气缸沿高度方向磨损成上大下小的锥形，活塞处于上止点位置时第一道活塞环对应的缸壁处磨损最大（在空气滤清器失效的情况下，则会呈现中间大两头小的腰鼓形磨损）；在径向截面内呈不规则的椭圆形磨损，最大磨损一般发生在气缸的前后方向或左右方向。

6. 评价

1) 实验实施总结

在实验实施过程中有哪些收获，通过实施实验你掌握了哪些知识和技能，另外也可指出你还有哪些地方不明白，有哪些疑问等。通过总结把实验实施进行升华，以提高学生的综合职业能力。

2) 根据以上情况写出实验实施报告

实验实施报告可以一组一份，也可以每人把自己做的写出来，实验负责人最后整理，形成一个比较完善的实验实施报告。学生不仅要做出来，还要讲明白。

3) 各实验小组负责人进行汇报（学生自评与互评）

把以上内容做成 PPT，由实验负责人进行汇报，全班同学可以边听边提问题，各组学生给打一个分值，教师给打一个分值。评选出优秀的实验小组进行奖励。

通过制作 PPT 还可以提中等职业整体素质。

4) 教师总结（教师点评）

根据各实验小组完成过程的具体情况，指出做得好的地方，同时还要指出问题所在，另外还要对学生的职业素质进行讲评包括：汇报片制作，语言表达能力，回答问题的能力，组织协调能力，总结能力等。制定评价内容及标准，建立能力的评定等级，项目成绩评定等，如表 7-1～表 7-5 所示。

表 7-1　考核评价要求

考评方式	过程考评（项目考评）70%			期末考评（卷面考评）30%
	素质考评	工单考评	实操考评	
考评实施	由指导教师根据学生表现集中考评	由主讲教师根据学生完成的工单情况考评	由实训指导教师对学生进行项目操作考评	按照教考分离原则，由学校教务处组织考评
考评要求	严格遵循生产纪律和5S操作规范，主动协助小组其他成员共同完成工作任务，任务完成后清理场地等	认真撰写和完成任务工单，准确完整、字迹工整	积极回答问题、掌握工作规范和技巧，任务方案正确、工具使用正确、操作过程正确、任务完成良好	建议题型：单项选择题、多项选择题、判断题、问答题、论述题

注：造成设备损坏或人身伤害的本项目计 0 分。

本课程贯彻综合化考核原则，理论知识与实践技能考核相结合，单一能力与综合能力考核相结合，个别与群体考核相结合，全面考核学生的知识、能力和综合素质。以过程考核为主，考核涵盖项目全过程，主要从项目操作实施来进行考核。

由于实施了任务驱动教学法，为实施过程考核提供了条件。本课程采用过程考评（项目考评）与期末考评（卷面考评）相结合的方法，强调过程考评的重要性。过程考评占 70 分，期末考评占 30 分，取代了依靠一次期末考试来确定成绩的方式。

每个学习项目的过程考核都有详细标准，下面是一个学习项目的考核标准。

表 7-2　考核方式与标准

项目编号	考核点及占项目分值比	建议考核方式	评价标准			成绩比例(%)
			优	良	及格	
项目(**)	1. 对问题的定位、查找相关资料(10%)	教师评价+互评	能快速、准确查找相关资料，确定气缸体可能的磨损形式	能准确查找相关资料，确定气缸体可能的磨损形式	能查找相关资料，确定气缸体可能的磨损形式	10
	2. 提出假设、制定计划(20%)	教师评价+互评	能快速、准确提出气缸体平面度误差和气缸磨损程度的假设，并自行制定出实验计划	能准确提出气缸体平面度误差和气缸磨损程度的假设，并自行制定出实验计划	能提出气缸体平面度误差和气缸磨损程度的假设，在指导下制定出实验计划	
	3. 实验实施(30%)	教师评价+自评	迅速正确使用实验工具、仪器和设备完成实验，并能正确归纳出相关结论	正确使用实验工具、仪器和设备完成实验，并能正确归纳出相关结论	能使用实验工具、仪器和设备完成实验，并能归纳出相关结论	
	4. 工作单(15%)	教师评价	填写规范、内容完整，有详细过程记录和分析，并能提出一些新的建议	填写规范、内容完整，有详细过程记录和分析	填写规范、内容完整，有较详细过程记录	
	5. 项目公共考核点(25%)		见表 7-3			

表 7-3　项目公共考核评价标准

项目公共考核点	建议考核方式	评价标准		
		优	良	及格
职业道德安全生产(30%)	教师评价+自评+互评	具有良好的职业操守：敬业、守时、认真、负责、吃苦、踏实。安全、文明工作：正确准备各个人劳动保护用品；正确采用安全措施保护自己，保证工作安全	安全、文明工作，职业操守较好	没出现违纪违规现象
学习态度(20%)	教师评价	学习积极性高，虚心好学	学习积极性较高	没有厌学现象
团队协作精神(15%)	互评	具有良好的团队合作精神，热心帮助小组其他成员	具有良好的团队合作精神，能帮助小组其他成员	能配合小组完成任务
创新精神和能力(15%)	互评+教师评价	能创造性地学习和运用所学知识，在教师的指导下，能主动地、独立地学习，并取得创造性学习成就；能用专业语言正确流利地展示项目成果	在教师的指导下，能主动地、独立地学习，有创新精神；能用专业语言正确、较为流利地阐述项目	在教师的指导下，能主动地、独立地学习；能用专业语言基本正确地阐述项目
组织实施能力(20%)	互评+教师评价	能根据工作任务，对资源进行合理配合，同时正确控制、激励和协调小组活动过程	能根据工作任务，对资源进行合理配合，同时较正确控制、激励和协调小组活动过程	能根据工作任务，对资源进行分配，同时控制、激励和协调小组活动过程，无重大失误

表7-4　能力的评定等级

等级	评价标准
4	C. 能高质、高效地完成此项技能的全部内容，并能指导他人完成 B. 能高质、高效地完成此项技能的全部内容，并能解决遇到的特殊问题 A. 能高质、高效地完成此项技能的全部内容
3	能高质、高效地完成此项技能的全部内容，并不需任何指导
2	能高质、高效地完成此项技能的全部内容，并偶尔需要帮助和指导
1	能高质、高效地完成此项技能的部分内容，但在现场的指导下，能完成此项技能的全部内容

表7-5　项目成绩评定

教师评语及改进意见	学生对课业成绩的反馈意见

注：合格表示全部项目都能达到3级水平；良好表示60%项目能达到4级水平；优秀表示80%项目能达到4级水平。

7.3　实验教学法教学案例二

案例名称：零件失效形式的观察、测量与分析实验

实验教学法案例要充分符合实验教学法的实施过程，按照学生为主、教师为辅的行动导向教学原则，开发零件失效形式的观察、测量与分析实验案例如下。

1. 教学对象

中等职业学校机械工程专业高年级的学生，先前学过机械制图、金属工艺学、极限配合与技术测量、机械制造基础、机械设备维修工艺等课程。

2. 教学目的及要求

通过观察、测量与分析，熟悉机械零件失效的主要形式及其产生的原因，熟悉零件测量与鉴定的常用方法。

3. 实验工具、仪器与设备

(1)实验仪器与工具：连杆检验校正器、放大镜(放大5～10倍)，检验平板，V形块，磁性表架及内径百分表、外径千分尺等。

(2)实验材料：发动机曲轴、连杆、活塞、气缸套、凸轮轴、轴承、油泵柱塞、油嘴及出油阀等。

4. 实验内容

(1)机械零件失效形式的观察与分析；对磨损、变形、腐蚀、破断与老化等各种零件失效形式进行观察与分析。

(2)零件的测量与鉴定。

① 发动机气缸的测量与鉴定。

② 发动机曲轴的测量与鉴定。

5. 实施过程和步骤

1) 对问题的定位和阐明

机械设备发生故障的原因很多，但零部件的失效是产生故障的主要原因，如磨损、变形、腐蚀、破断与老化等。对于许多总成，各零件使用一定时间之后，由于磨损、变形等很难恢复到原有的尺寸、形状和表面质量，使用效果常常达不到原有水平，使用寿命大大缩短。气缸套、曲轴是典型的易失效基础零件，本实验观察与分析零件的各种失效形式，并对发动机气缸套和曲轴进行测量与鉴定。

2) 提出假设

（1）观察发动机曲轴、连杆、活塞、气缸套、凸轮轴、轴承、油泵柱塞、油嘴及出油阀等零件的失效形态。由此学生提出如下假设：

① 发动机曲轴的失效形式是磨损。

② 连杆的失效形式是变形。

③ 活塞的失效形式是磨损。

④ 气缸套的失效形式是磨损。

⑤ 凸轮轴的失效形式是变形。

⑥ 轴承的失效形式是老化。

⑦ 油泵柱塞的失效形式是破断。

⑧ 油嘴和出油阀的失效形式是腐蚀。

（2）进行发动机气缸套和曲轴测量时，由学生提出如下假设：

① 发动机气缸套的失效形式是磨损，但可以修复。

② 曲轴的失效形式也是磨损，但不可修复。

3) 制定实验计划

（1）实验时间、地点安排。

实验时间：　　　年　月　日

实验地点：机械设备维修第一实验室

（2）小组分工。学生自主分组，并明确各自分担任务的职责。本实验学生分为三个小组，第一个小组负责观察与分析零件的各种失效形式，第二个小组负责发动机气缸套的测量和鉴定，第三个小组负责曲轴的测量和鉴定，每个小组由 4~6 人组成。

（3）准备实验工具、仪器与设备。

① 实验仪器与工具：连杆检验校正器、放大镜(放大 5~10 倍)，检验平板，V 形块，磁性表架及内径百分表、外径千分尺等。

② 实验材料：发动机曲轴、连杆、活塞、气缸套、凸轮轴、轴承、油泵柱塞、油嘴及出油阀等。

4) 完成实验

（1）观察与分析零件的各种失效形式。用放大镜对磨损、变形、腐蚀、破断与老化等各种零件失效形式进行观察，注意其形态特点、损坏的严重程度和可能的发展趋势。分析其产生的原因、造成的危害以及可能的防治措施。

（2）发动机气缸套、曲轴的测量与鉴定。

① 发动机气缸套测量与鉴定。

a. 清除零件表面污迹，目测气缸的整体形态，注意其功能表面状况有无异常和严重损伤。

b. 用手触摸气缸内表面当活塞运动至上止点时第一道气环对应位置，感觉其磨损状况。

c. 选择适当量程的内径百分表在图 7-4 位置测量并计算出气缸内径的最大磨损量和圆度、圆柱度误差。

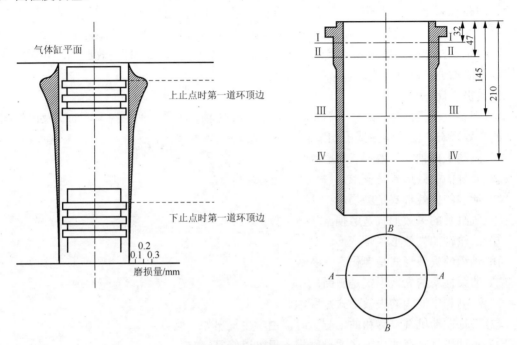

图 7-4　发动机气缸套的测量

② 发动机曲轴的测量与鉴定。

a. 清除零件表面污迹，目测曲轴的整体形态，注意其功能表面状况有无异常和严重损伤。

b. 在检验平板上用 V 形块支承前后主轴颈，将百分表安装在磁性表架上，用图 7-5 方法作曲轴轴线直线度检查。

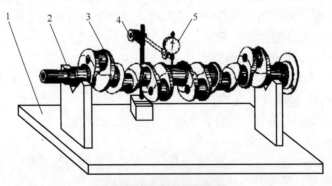

图 7-5　曲轴直线度检查

1-检验平板；2-V 形块；3-曲轴；4-磁性表架；5-百分表

c. 用适当量程的外径千分尺按图 7-6 方法分别测量各轴颈尺寸，并计算出各轴颈的最大磨损量及圆度、圆柱度误差。

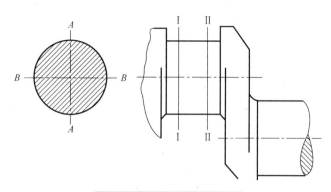

图 7-6 曲轴各轴颈尺寸检查

5) 验证/证伪假设

（1）通过放大镜观察，根据各种失效形式的特点，准确判断发动机曲轴、连杆、活塞、气缸套、凸轮轴、轴承、油泵柱塞、油嘴及出油阀的失效形式。

（2）根据记录的实验数据，分析气缸内径的圆度、圆柱度是否超差，分析曲轴轴线直线度、轴颈圆度、圆柱度是否超差，以此来验证其失效形式，判断失效是否可以修复。

6) 归纳结论

根据上述验证得出相关结论。

6. 评价

1) 实验实施总结

在实验实施过程中有哪些收获，通过实施实验你掌握了哪些知识和技能，另外也可指出你还有哪些地方不明白，有哪些疑问等。

通过总结把实验实施进行升华，以提高学生的综合职业能力。

2) 根据以上情况写出实验实施报告

实验实施报告可以一组一份，也可以每人把自己做的写出来，实验负责人最后整理，形成一个比较完善的实验实施报告。

学生不仅要做出来，还要讲明白。

3) 各实验小组负责人进行汇报（学生自评与互评）

把以上内容做成 PPT 汇报片，由实验负责人进行汇报，全班同学可以边听边提问题，各组学生给打一个分值，教师给打一个分值。评选出优秀的实验小组进行奖励。

通过制作 PPT 汇报片还可以提高中等职业教育整体素质。

4) 教师总结（教师点评）

根据各实验小组完成过程的具体情况，指出做得好的地方，同时还要指出问题所在，另外还要对学生的职业素质进行讲评包括：汇报片制作，语言表达能力，回答问题的能力，组织协调能力，总结能力等。

制定评价内容及标准，建立能力的评定等级、项目成绩评定等，如表 7-6～表 7-10 所示。

本课程贯彻综合化考核原则，理论知识与实践技能考核相结合，单一能力与综合能力考核相结合，个别与群体考核相结合，全面考核学生的知识、能力和综合素质。以过程考核为主，考核涵盖项目全过程，主要从项目操作实施来进行考核。

由于实施了任务驱动教学法，为实施过程考核提供了条件。本课程采用过程考评（项目考评）与期末考评（卷面考评）相结合的方法，强调过程考评的重要性。过程考评占 70 分，期末考评占 30 分，取代了依靠一次期末考试来确定成绩的方式。

表 7-6　考核评价要求

考评方式	过程考评(项目考评)70%			期末考评(卷面考评)30%
	素质考评	工单考评	实操考评	
考评实施	由指导教师根据学生表现集中考评	由主讲教师根据学生完成的工单情况考评	由实训指导教师对学生进行项目操作考评	按照教考分离原则，由学校教务处组织考评
考评要求	严格遵循生产纪律和 5S 操作规范，主动协助小组其他成员共同完成工作任务，任务完成后清理场地等	认真撰写和完成任务工单，准确完整、字迹工整	积极回答问题、掌握工作规范和技巧，任务方案正确、工具使用正确、操作过程正确、任务完成良好	建议题型：单项选择题、多项选择题、判断题、问答题、论述题

注：造成设备损坏或人身伤害的本项目计 0 分。

每个学习项目的过程考核都有详细标准，下面是一个学习项目的考核标准。

表 7-7　考核方式与标准

项目编号	考核点及占项目分值比	建议考核方式	评价标准			成绩比例(%)
			优	良	及格	
项目(**)	1. 对问题的定位、查找相关资料(10%)	教师评价+互评	能快速、准确查找相关资料，确定常见零部件的失效形式	能准确查找相关资料，确定常见零部件的失效形式	能查找相关资料，确定常见零部件的失效形式	10
	2. 提出假设、制定计划(20%)	教师评价+互评	能快速、准确提出各类零件失效形式的假设，并自行制定出实验计划	能准确提出各类零件失效形式的假设，并自行制定出实验计划	能提出各类零件失效形式的假设，在指导下制定出实验计划	
	3. 实验实施(30%)	教师评价+自评	迅速、正确使用实验工具、仪器和设备完成实验，并能正确归纳出相关结论	正确使用实验工具、仪器和设备完成实验，并能正确归纳出相关结论	能使用实验工具、仪器和设备完成实验，并能归纳出相关结论	
	4. 对问题的定位、查找相关资料(10%)	教师评价+互评	能快速、准确查找相关资料，确定气缸体可能的磨损形式	能准确查找相关资料，确定气缸体可能的磨损形式	能查找相关资料，确定气缸体可能的磨损形式	
	5. 项目公共考核点(25%)		见表 7-8			

表 7-8　项目公共考核评价标准

项目公共考核点	建议考核方式	评价标准		
		优	良	及格
职业道德安全生产(30%)	教师评价+自评+互评	具有良好的职业操守：敬业、守时、认真、负责、吃苦、踏实。安全、文明工作；正确准备各个人劳动保护用品；正确采用安全措施保护自己，保证工作安全	安全、文明工作，职业操守较好	没出现违纪违规现象
学习态度(20%)	教师评价	学习积极性高，虚心好学	学习积极性较高	没有厌学现象
团队协作精神(15%)	互评	具有良好的团队合作精神，热心帮助小组其他成员	具有良好的团队合作精神，能帮助小组其他成员	能配合小组完成任务

续表

项目公共考核点	建议考核方式	评价标准		
		优	良	及格
创新精神和能力（15%）	互评+教师评价	能创造性地学习和运用所学知识，在教师的指导下，能主动地、独立地学习，并取得创造性学习成就；能用专业语言正确流利地展示项目成果	在教师的指导下，能主动地、独立地学习，有创新精神；能用专业语言正确、较为流利地阐述项目	在教师的指导下，能主动地、独立地学习；能用专业语言基本正确地阐述项目
组织实施能力（20%）	互评+教师评价	能根据工作任务，对资源进行合理配合，同时正确控制、激励和协调小组活动过程	能根据工作任务，对资源进行合理配合，同时较正确控制、激励和协调小组活动过程	能根据工作任务，对资源进行分配，同时控制、激励和协调小组活动过程，无重大失误

表 7-9　能力的评定等级

等级	评价标准
4	C. 能高质、高效地完成此项技能的全部内容，并能指导他人完成 B. 能高质、高效地完成此项技能的全部内容，并能解决遇到的特殊问题 A. 能高质、高效地完成此项技能的全部内容
3	能高质、高效地完成此项技能的全部内容，并不需任何指导
2	能高质、高效地完成此项技能的全部内容，并偶尔需要帮助和指导
1	能高质、高效地完成此项技能的部分内容，但在现场的指导下，能完成此项技能的全部内容

表 7-10　项目成绩评定

教师评语及改进意见	学生对课业成绩的反馈意见

注：合格表示全部项目都能达到 3 级水平；良好表示 60% 项目能达到 4 级水平；优秀表示 80% 项目能达到 4 级水平。

思 考 题

1. 简述实验教学法的实施过程。
2. 实验教学法中提出假设的目的是什么？
3. 通过实验教学法怎样将关系/规律归纳成理论？
4. 实验教学法实施过程中怎样制定实验计划？
5. 结合实际教学设计一个实验教学法案例。

第8章　任务驱动教学法

任务驱动教学法是基于建构主义学习理论的一种教学方法。要求在教学过程中，以完成一个个具体的任务为线索，把教学内容巧妙地隐含在每个任务之中，让学生自己提出问题，并经过思考和教师的点拨，自己解决问题。它强调学生要在真实情境中的任务驱动下，在探索任务和完成任务的过程中，在自主学习和协作的环境下，在讨论和对话的氛围中，进行学习活动。任务驱动教学法的基本特征是"以目标任务为主线、学生为主体、教师为主导"。让学生在完成"任务"的同时巩固已学过的旧知识，掌握好当堂课的新知识。任务驱动教学使学习目标十分明确，适合职业学校学生特点，使教与学变得生动有趣、易于接受。

8.1　任务驱动教学法应用分析

任务驱动就是将所学习的新知识隐含在一个或几个任务之中，教师在课堂中引入问题，提出目标任务，让学生自己分析、讨论，学生通过自己的思考和探索解决问题，找出解决问题的方法，完成目标任务，最后通过任务的完成来实现对所学知识的掌握和理解。在任务驱动中，任务设计的质量直接关系到教学效果，教师针对所要学习的内容设计出具有思考价值的、有意义的问题作为任务让学生去思考、去尝试解决。在此过程中，教师提供一定的支持和引导，组织学生讨论、合作，但这都不应妨碍学生的独立思考，而应配合、促进他们的探索和发现。任务应该密切联系要求学生巩固的技能点和相关的知识点，但任务不能只停留在掌握技能的基础上，仅以某些操作性的任务去驱动学生学习也有悖于教学的目标。

1. 任务驱动法的目标

实施任务驱动法教学，可以使学生带着真实的任务去自主探索、思考、学习，有利于学生对知识点的吸收，有利于培养学生的创新能力和分析解决问题的能力，激发学生的求知欲望，从而培养独立探索的学习能力。实施任务驱动法教学，有效地利用了45分钟的课堂教学时间，有利于教师专业知识的传授，有利于教学质量的提高，有利于培养学生的自主创新能力和团结协作能力，有利于培养学生的职业素养，提高学生的社会适应能力。

2. 应用领域

任务驱动法强调创新能力的培养与动手能力的提高，适合于机电设备管理与维修专业等实践性和操作性较强的知识与技能。任务驱动法中的任务都是按照专业知识的特点以及工厂生产实际设计，与工厂直接对接，所以，学生上课拿到的学习任务实际上就是自己未来走上工作岗位后，会面对的各种实际生产任务，学生的学习一般在学校车间，是在真实的工作环境中进行的。每个任务都有明确的目标、预计完成的时间、各小组的明确分工，这为任务的完成做好了铺垫，这种方法尤其适用于职业学校的专业课教学。

3. 任务驱动教学法的实施过程

任务驱动法强调学生的学习活动必须与解决的任务或问题相结合，以探索和解决问题来引导及维持学生的学习兴趣与动机。创建真实的教学环境，让学生带着任务学习。学生必须拥有学习的主动权，在教学中，教师不断地利用自己的知识和技能优势来挑战并激励学生完成自己的学习任务。教学不仅仅局限于"学生学会了什么",而是通过任务引领和教学实践让学生明确"我会什么?我可以解决什么?"通过任务驱动法将被动学习转化为主动学习,调动学生的学习兴趣,激发学生的学习动力,从而完成教学设定的目标和制定的计划。

　　任务驱动教学法的一般实施步骤有:①设计并提出驱动任务;②合理分解任务;③示范;④边学边做完成任务;⑤检查(即作品或产品检查验收)、评价任务;⑥知识拓展。实施步骤如图 8-1 所示。

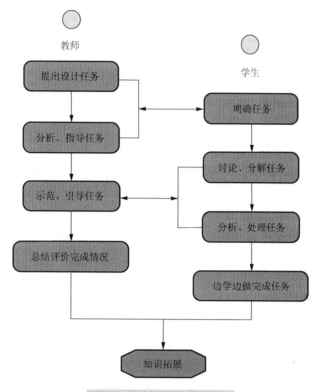

图 8-1　任务驱动法实施步骤

　　(1)设计并提出驱动任务。课堂教学中,教师需要把所要学习的知识内容、要达到的教学目标等具体的任务巧妙地组织在一个个任务当中,教师要对如何完成这一个任务作一些方法上的阐述,使学生在完成任务的过程中达到理解学科知识、掌握技能的目的。任务可以有大有小,也不拘于形式,但是必须要有科学性、趣味性、可行性,才会使学生热爱学、愿意学。所设计的任务,有的要结合以前所学的知识来完成,有的则可以指向性比较强,主要侧重于操作实践等动手能力的提高,要考虑到职业学校学生的特点和学生的知识水平,这样有利于学生学习积极性的调动、激发学生的兴趣,有利于提高完成任务的质量和效率。

　　(2)合理分解任务。提出驱动任务后,教师要对任务进行简单的分析,简述本次任务要求达到的目标、重点难点,以及与完成任务相关的事项等,教师主要提供完成任务的一种思路、方法,给学生一种启示,帮助学生理解任务。学生对任务的理解也要一个过程,要思考如何让自己在有效的时间内完成任务,注意自己和设备的安全,少走弯路,尽快完成任务。学生在教师的提示、指导下,尽快确定完成任务需要的知识、操作用的工具、合理的任务步骤等,为完成任务这种行动做好思想上的准备。当然,一个任务的完成,没有什么固化的步骤,在这个过程中,教师给予的是一种方法与途径的指导,而学生要完成一个任务会有很多种途径，教师要及时启发学生思维，千万不要固化步骤，否则就失去了任务驱动的真正意义。

（3）示范。任务分析后，学生自己会有对于任务完成所要采用的途径和方法，虽然最后完成每一个任务的途径不是唯一的，但是对于一些操作性强的任务，教师有必要就达成任务的某一种途径进行示范，教给学生一种最基本的操作方法，及时提醒学生注意事项，特别对学生存在的共性问题，可由教师统一做重点的示范。

（4）边学边做完成任务。这个阶段以学生具体操作为主，学生作为课堂教学的主体主动参与到整个学习过程中，利用多种机会在不同的情境和场合去应用他们所学的知识解决问题，从而产生对知识新的认识与理解，掌握技能。教师巡回指导，鼓励学生大胆动手操作，鼓励他们相互协助，共同交流并完成任务。操作过程中，教师应留给学生充足的操作时间并及时提醒和引导学生，让学生在操作中体会、感受和领悟，学生在教师的引导下通过各种途径、各种方法、各种手段边学边做，完成任务。

（5）检查（即作品或产品检查验收）、评价任务。在任务完成的每一阶段，教师都要与学生一起总结这一阶段完成该任务的技巧、方法，总结这一阶段取得的进步以及在完成任务过程中还需要改进的地方。总结过程中教师及时对学生的操作作出肯定和表扬，激励学生更加努力完成任务。最后，由教师总评，对于完成任务较好的小组和个人重点表扬，着重阐明可学习和借鉴之处，附带点出需要完善的地方供大家参考。这样的分析与评价，既肯定了学生的成绩，也指出了一些缺陷与有待改进的方面，在激励学生积极性与增强信心的同时，也使本次任务所牵扯的内容得到强化，使学生的知识与能力水平得到全面的提升。

（6）知识拓展。任务的完成不代表就是学习的结束，因为职业学校学生水平不均的特点，不同学生的任务完成有一定的差距，对于学生来说，求知欲的强弱与教师的调动也有很大的关系，所以教学结束后，非常有必要对任务的完成进行细化和拓展，既可以巩固原来所学的知识，又可以补充一些新的知识点，通过拓展达到知识的巩固和创新，使得不同层次的学生都有进一步的提高。

任务驱动法教学是以学生为主体，教师起引导作用，强调学生参与的一种教学模式。采用任务驱动法进行教学，教师和学生都是围绕完成相关的任务而采取一定的途径，教学中，重点突出，条理清晰，其对于学生学习积极性的调动不言而喻。这种方法有助于培养学生的团结合作精神和创新精神，有利于培养学生的敢于担当的精神，提高学生的整体水平和素质。图8-2所示为现场实施任务驱动法教学的部分场景。

（a）布置任务　　　　　　　　　　　（b）所需工具

(c) 学生分组讨论

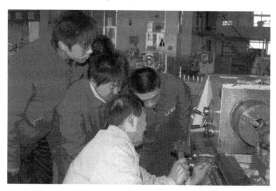

(d) 教师示范

(e) 学生操作

(f) 学生汇报及评价

图 8-2　现场实施任务驱动法教学的部分场景

8.2　任务驱动法教学案例一

任务名称：普通车床的日常保养

1. 任务应用的背景

设备管理是企业生产经营活动中的重要组成部分，在现代化的企业生产中如何建立高效的有保障的设备管理体，解决好设备的使用与维修问题是设备管理工作者不断探索的课题。机床维修的概念，也不能单纯地理解是机床在发生故障时，仅仅依靠维修人员如何排除故障和及时修复，使机床能够尽早地投入使用就可以了，这还应包括正确使用和日常保养等工作。所以只有坚持做好对机床的日常维护保养工作，才可以延长元器件的使用寿命，延长机械部件的磨损周期，防止意外恶性事故的发生，争取机床长时间稳定工作。因此，无论是对数控机床的操作者，还是对数控机床的维修人员，机床的维护与保养就显得非常重要，不仅要明白如何保养机床，还要明白为什么要这样保养机床。

首先向学生介绍本次课要学习的内容以及此次实训课在以后的工作中占有的重要地位，培养学生具有完成典型工作的能力。

2. 任务实施的目的

(1) 掌握任务驱动法在具体的教学流程中的使用方法。

(2)掌握普通车床日常保养内容与要求。

(3)掌握普通车床点检的内容与要求。

(4)掌握普通车床各级保养的内容和步骤。

经验来自于实践，学生能力的培养不是仅仅教师的讲授就能够达到的，最重要的应该是在教师的引导下，学生自己动手得到直接经验。任务驱动法的教学题目来自于生产一线，非常适合学生能力的培养。

3. 任务驱动法具体实施的任务

假如你毕业分配到某机械加工厂，为满足生产需要，你会怎样对车床进行日常保养？

4. 所需设备

CA6136普通车床5台。

5. 任务实施的内容

1)项目组的产生

(1)由教师根据学生情况，按照男女生比例以及学生学习能力把学生分成5组，大致每组6人。这5个小组，就是实施任务驱动法教学的5个任务组。

由于学生总数是30人，所以按照人数分为5组。这样分组的目的是培养学生团队工作的能力以及与同学交往沟通的能力，有利于安全作业，便于教学管理。

(2)每个小组推选一名组长，该组长负责协同教师维持好纪律，安排本组成员的任务分工，维持本组成员个案研究后的组内讨论工作，系统总结本组意见与解决方案，负责汇报本组情况，提交全班交流。

这是培养学生的团结合作精神和创新精神，组长轮流担任，确保每个学生受锻炼的机会均等，使他们共同进步。

2)任务驱动法实施中方案的确定

(1)学生阅读本次实训课的任务中分析完成任务的必要信息，如设备保养的相关信息和所要保养的设备资料。

(2)5个任务小组成员集体讨论，初步确定本小组的解决方案。

(3)小组长制定出实施任务流程与确立依据，提交大家讨论。

(4)小组长提交最后方案和实施流程给实训指导教师，教师审阅认可后布置任务开始。

指导教师一定要认真听取学生的汇报，尊重学生的劳动成果，鼓励学生积极发言，大胆设计任务完成方案，不要限制学生思路。

3)任务分工与实施

(1)教师向学生布置任务，实施的时间与注意事项，确定完成该任务的流程，统一思想。

(2)教师指导学生实施方案，让全体学生都做到心中有数，在车间实训指导教师的协助下，对学生进行分工。

① 任务实施负责人。

② 任务实施流程中部分完成人。

③ 普通车床日常保养内容与要求完成人。

④ 普通车床各级保养的内容和步骤完成人。

⑤ 工作步骤完成部分记录人。

⑥ 实训汇报部分完成人。

全体学生分为5个组，大家有分工但是更要有合作才能完成每一个任务。在确定方案实施流程的基础上，在任务的指引下，完成专业知识的学习和技能训练，最后要向大家说明任务完成的情况。

4）任务驱动教学法实施的步骤

明确任务→讨论并分解任务→制定完成任务的方法，设计合理的实施步骤，作出流程图→准备实训场地→准备车床保养与点检所用工具→边学边做、任务实施→任务完成，项目组汇报→总结评价完成情况→知识拓展。

第一步：任务分解与规划，作出流程图。

第二步：实训场地准备。

(1)查阅相关的资料与规范。

(2)检查准备好的 5 台普通车床情况，检查各小组所使用的工具情况。

(3)按照相关规定和要求，确定普通车床的日常保养内容以及点检相关的内容。

第三步：日常保养内容与要求。

(1)时间：每天接班前、后 10 分钟，周末 1 小时。

(2)工作前：检查交接班记录本；严格按照设备"润滑图表"规定进行加油，做到定时、定量、定质。停机 8 小时以上的设备，在不开动设备时，要先低转 3～5 分钟，确认润滑系统是否畅通，各部位运转是否正常，方可开始工作。

(3)工作中：经常检查设备各部位运转和润滑系统工作情况，如果有异常情况，立即通知检修人员处理；各导轨面和防护罩上严禁放置工具、工件和金属物品及脚踏。

(4)工作后：擦除导轨面上的铁屑及冷却液，丝杠、光杠上无黑油；清扫设备周围铁屑、杂物；认真填写设备交接班记录。

第四步：一级保养设备内容和要求。

(1)时间：每月一次，时间 8 小时。

(2)擦洗设备外观部分：外观无黄袍、无油垢、物见本色，外观件齐全、无破损；导轨、齿条、光杠、丝杠无黑油及锈蚀现象，磨去研伤毛刺。

(3)清洗、疏通润滑冷却系统，管路，包括油孔、油杯、油线、油毡过滤装置。油窗清晰明亮，油标醒目，加油到位，油质符合要求；油箱、油池、过滤装置内外清洁，无积垢和杂质；油线齐全，油毡不老化，润滑油路畅通，无漏油、漏水现象；油枪、油壶清洁好用，油嘴、油杯齐全，手拉泵、油泵好用；拆下各部防护罩，检查润滑情况，擦洗导轨、光杠、丝杠。

(4)检查调整各部铁屑、压板、间隙，各部位固定螺钉、螺帽、各手柄灵活好用。各部斜铁、压板、滑动面间隙调整到 0.04mm 以内，移动件移动自如；各部位固定螺钉、螺帽无松动缺失。

(5)检查各安全装置。各限位开关、指示灯、信号、安全防护装置，齐全可靠；各电器装置绝缘良好，安装可靠接地，安全照明。

(6)检查电器各部达到要求。电箱内外清洁，无灰尘、杂物，箱门无破损；电器原件紧固好用，线路整齐，线号清晰齐全；电机清洁无油垢、灰尘、风扇、外罩齐全好用；蛇皮管无脱落、断裂、油垢，防水弯头齐全。

(7)清扫工作地周围。设备周围无铁屑杂物；机床附件、工具、卡具合理摆放，清洁定位。

第五步：二级保养设备和要求。

(1)时间：每半年一次，周期24～32小时。

(2)擦洗设备外观各部位，达到一级保养要求。

(3)调整精度。调整床身、床头箱、溜板箱及主轴精度，达到满足工艺要求；填写记录登记、存档。

(4)检查清洗各部箱体。各箱内清洁，无积垢杂物；更换磨损件，测绘备件，提出下次修理备件；进给变速，恢复手柄定位准确，齿轮啮合间隙符合要求。

(5)检查各箱体润滑情况。达到一级保养要求；清洁润滑油箱，更换润滑油；修复、更换破损油管及过滤网。

(6)检查电器各部是否达到要求。达到一级保养要求；电机清洁更换轴承润滑油、风扇、外罩齐全；更换修理损坏电器件及触点；各限位开关连锁装置齐全、可靠；指示仪表、信号灯齐全、准确；电器装置绝缘良好、接地可靠。

5)工作任务完成过程中出现的问题以及解决办法

写出操作过程中遇到的问题，分析产生这种问题的原因，并记录解决问题的措施。

任务实施过程中遇到问题，或者操作出现差错不要放弃，只要有耐心，问题一定会迎刃而解。这个过程实际上就是培养学生正确认识专业知识和技能的过程之一，同时又可以锻炼学生的耐力和承受挫折的能力，有助于学生的成长。

6)工作任务完成总结并验收评价

根据各个小组的完成情况以及各个小组长的汇报，教师及时对小组成员作出肯定，指出其优点，激励学生更好地完成。学生全部完成，教师要对各个小组完成情况进行比对，并且对他们逐一作出评价，并对完成优秀的小组作出奖励。这个阶段，教师还要关注学生在实训课结束后还有没有其他的问题不明白，只要学生有不懂的问题，教师都要适时解答疑问。

通过总结，可以让学生巩固所学知识，提高学生的综合职业素质和能力。

分三个层次进行评定，即教师、组内、组间，每个层面的评定内容有所不同。制定评价内容及标准，建立能力的评定等级，项目成绩评定等，如表8-1～表8-5所示。

本课程贯彻综合化考核原则，理论知识与实践技能考核相结合，单一能力与综合能力考核相结合，个别与群体考核相结合，全面考核学生的知识、能力和综合素质。以过程考核为主，考核涵盖项目全过程，主要从项目操作实施来进行考核。

由于实施了任务驱动教学法，为实施过程考核提供了条件。本课程采用过程考评(项目考评)与期末考评(卷面考评)相结合的方法，强调过程考评的重要性。过程考评占70分，期末考评占30分，取代了依靠一次期末考试来确定成绩的方式。

表8-1　考核评价要求

考评方式	过程考评(项目考评)70%			期末考评(卷面考评)30%
	素质考评	工单考评	实操考评	
考评实施	由指导教师根据学生表现集中考评	由主讲教师根据学生完成的工单情况考评	由实训指导教师对学生进行项目操作考评	按照教考分离原则，由学校教务处组织考评
考评要求	严格遵循生产纪律和5S操作规范，主动协助小组其他成员共同完成工作任务，任务完成后清理场地等	认真撰写和完成任务工单，准确完整、字迹工整	积极回答问题、掌握工作规范和技巧，任务方案正确、工具使用正确、操作过程正确、任务完成良好	建议题型：单项选择题、多项选择题、判断题、问答题、论述题

注：造成设备损坏或人身伤害的本项目计0分。

每个学习项目的过程考核都有详细标准，下面是一个学习项目的考核标准。

表 8-2　考核方式与标准

项目编号	考核点及占项目分值比	建议考核方式	评价标准			成绩比例(%)
			优	良	及格	
项目(**)	1. 查阅相关资料和规范(10%)	教师评价+互评	能快速、正确地查阅相关资料和规范	能正确地查阅相关资料和规范	能查阅相关资料和规范	10
	2. 分解任务、准备工具与制定方案(20%)	教师评价+互评	能快速、准确地制定完成任务的方法、准备场地和工具	能准确地制定完成任务的方法、准备场地和工具	能制定完成任务的方法、准备场地和工具	
	3. 操作实施(30%)	教师评价+自评	能快速准确地完成普通车床的日常保养、一级和二级保养的训练	能准确地完成普通车床的日常保养、一级和二级保养的训练	能完成普通车床的日常保养、一级和二级保养的训练	
	4. 工作单(15%)	教师评价	填写规范、内容完整，有详细过程记录和分析，并能提出一些新的建议	填写规范、内容完整，有详细过程记录和分析	填写规范、内容完整，有较详细过程记录	
	5. 项目公共考核点(25%)		见表 8-3			

表 8-3　项目公共考核评价标准

项目公共考核点	建议考核方式	评价标准		
		优	良	及格
职业道德安全生产(30%)	教师评价+自评+互评	具有良好的职业操守：敬业、守时、认真、负责、吃苦、踏实。安全、文明工作；正确准备个人劳动保护用品；正确采用安全措施保护自己，保证工作安全	安全、文明工作，职业操守较好	没出现违纪违规现象
学习态度(20%)	教师评价	学习积极性高，虚心好学	学习积极性较高	没有厌学现象
团队协作精神(15%)	互评	具有良好的团队合作精神，热心帮助小组其他成员	具有良好的团队合作精神，能帮助小组其他成员	能配合小组完成任务
创新精神和能力(15%)	互评+教师评价	能创造性地学习和运用所学知识，在教师的指导下，能主动地、独立地学习，并取得创造性学习成就；能用专业语言正确流利地展示项目成果	在教师的指导下，能主动地、独立地学习，有创新精神；能用专业语言正确、较为流利地阐述项目	在教师的指导下，能主动地、独立地学习；能用专业语言基本正确地阐述项目
组织实施能力(20%)	互评+教师评价	能根据工作任务，对资源进行合理配合，同时正确控制、激励和协调小组活动过程	能根据工作任务，对资源进行合理配合，同时较正确控制、激励和协调小组活动过程	能根据工作任务，对资源进行分配，同时控制、激励和协调小组活动过程，无重大失误

表 8-4　能力的评定等级

等级	评价标准
4	C. 能高质、高效地完成此项技能的全部内容，并能指导他人完成
	B. 能高质、高效地完成此项技能的全部内容，并能解决遇到的特殊问题
	A. 能高质、高效地完成此项技能的全部内容
3	能高质、高效地完成此项技能的全部内容，并不需任何指导
2	能高质、高效地完成此项技能的全部内容，并偶尔需要帮助和指导
1	能高质、高效地完成此项技能的部分内容，但在现场的指导下，能完成此项技能的全部内容

表 8-5　项目成绩评定

教师评语及改进意见	学生对课业成绩的反馈意见

注：合格表示全部项目都能达到 3 级水平；良好表示 60%项目能达到 4 级水平；优秀表示 80%项目能达到 4 级水平。

7) 知识拓展

在总结本次实训课所学知识的基础上，教师及时补充与本次课相关的知识，也可以利用问题留给学生的方式，让他们去查资料，及时补充课堂尚未涉及的相关知识。

这样不仅可以拓宽学生的视野，激励学生的积极性，还可以锻炼学生独立学习的习惯。

8) 学生对完成该任务总结，写出实训报告

任务完成，每一位学生都会有不同程度的认识和提高，所以及时总结实施过程中曾经出现的困惑与收获非常必要。

及时的反思可以为学生掌握知识提供帮助，这个过程也是对知识的一次升华。

8.3　任务驱动法教学案例二

任务名称：CA6140 车床用联轴器的维修与调试

1. 任务应用的背景

套筒联轴器在机床上应用很广，套筒联轴器用来连接不同机构中的两根轴（主动轴和从动轴）使之共同旋转以传递扭矩的机械零件。CA6140 普通车床的进给箱中的输出轴与丝杠两轴要求严格对中并在工作中不发生相对位移，且两轴瞬时转速相同，使用的就是套筒联轴器。这类联轴器使用久了很容易损坏，导致运动无法传输，车床无法正常工作。为了不影响机床的正常使用，一般要尽快进行修理。

首先向学生说明套筒联轴器在车床上的用途及其使用情况，让学生明白修理联轴器的目的。

2. 任务实施的目的

(1) 掌握任务驱动法在具体的教学流程中的使用方法。

(2) 掌握拆卸套筒联轴器之前要做的准备工作。

(3) 掌握套筒联轴器拆卸、安装的方法与步骤。

(4) 掌握安装好联轴器后，车床在使用前的调试。

任务驱动法的任务来自于生产实践，它是使学生通过完成真实的任务来达到教学目的的一种模式，联轴器的维修自然属于这种方式，所以教学中教师应该引导学生来完成具体的任务。

3. 任务驱动教学法具体实施的任务

某机械厂的 CA6140 车床无法正常工作，经检查为联轴器损坏，现要求修复联轴器，以使车床正常工作。

这是实际生产中，车床维修工经常碰到的一个典型的实例，要求培养的学生达到独立解决这种看似不大的维修事件，就应从课堂入手。

4. 所需设备和工具

CA6140 车床 6 台，每个小组拆装联轴器所需的铜棒、锤子、样冲等工具六套。

5. 任务实施的内容

1）项目组的产生

（1）由教师帮助学生分组，要求学生自主分组并照顾到学习差异与男女生的比例。

本节课安排车间带实习的实训教师共 6 人，为了给学生提供尽可能多的实习与动手机会，把全班同学按照学生总数，分为 6 个小组。

这样做的目的是调动学生的学习积极性，培养学生的团队精神。

（2）每个小组推选一名同学做小组长，负责协助教师管理本组成员，负责协调本组成员之间的关系并在学习过程中根据实际情况安排本组成员的实训顺序，在任务讨论阶段与最后的验收评价阶段，做好总结，负责汇报本组情况。

这样做的目的是培养学生对事情的负责态度和敢于担当的精神，在整个过程中，还能够培养学生的协调能力、组织能力。为了给予学生均等的锻炼机会，建议在每次课更换不同的小组长，使得每一名同学都有机会得到提高。

（3）在全班推选一名学习优秀的同学担任质检员。这名同学在学生实习过程中、实习结束都要及时对各个小组的完成情况作出质量检查，这可以促进小组之间的竞争，还可以锻炼学生的判断能力与把握全局的能力，培养学生认真负责的态度和竞争力。

2）方案的确定

（1）每个小组成员进行讨论，根据车床结构与工作要求，按照本次课的实际要求与目标，分析完成该任务的方案。

（2）小组长根据本组情况草拟行动方案。

（3）小组长画出本次行动流程图，并向全体同学作流程介绍。

（4）在大家讨论的基础上，上课教师与学生商定行动方案，确定方案后，布置学生实施方案。

（5）每个小组安排一名实训指导教师，实训指导教师到位，学生开始动手操作。

这个阶段，上课教师要及时鼓励学生大胆发言，在思路上根据本课时要求大胆设想，开动脑筋、拓宽思路，悉心指导与引导学生，使方案逐步确定。

3）行动实施任务分工

（1）小组长向全体小组成员讲清任务实施的方案和流程图，统一思想，为任务实施做好准备。

（2）在所有成员均明白的情况下，小组长对成员进行分工。

① 行动小组负责人。

② 拆卸进给箱挡板完成人。

③ 拆卸套筒联轴器完成人。

④ 更换新的圆锥销完成人。

⑤ 安装套筒联轴器完成人。

⑥ 安装好联轴器后，车床在使用前的调试完成人。

⑦ 任务实施汇报完成人。

任务实施过程中，小组成员分工合作完成该任务。工作中，所有人必须有一个明确的思路与一种全局观念，在统一实施思想的指导下，按照分工不同，独立完成所分工项目，并能够在完成后，向小组成员做解释说明。

4) 任务(行动)实施步骤

明确任务→讨论并分解任务→制定完成任务的方法，设计合理的实施步骤，作出流程图→准备实训场地→准备拆装车床用联轴器所用工具→边学边做、任务实施→任务完成，项目组汇报→总结评价完成情况→知识拓展。

第一步：实施行动规划，画出任务实施流程图。

第二步：拆卸之前的准备。

(1)查阅套筒联轴器结构与拆装的相关资料。

(2)准备 CA6140 车床 6 台，每个小组拆装联轴器所需的铜棒、锤子、样冲等工具六套。

第三步：拆卸套筒联轴器。套筒联轴器在车床上使用非常广泛，一般情况下，套筒联轴器的损坏大都是圆锥销损坏影响其使用，所以拆卸过程中，尽量不要损伤到套筒。操作中主要注意以下几点。

(1)先拆开进给箱挡板，使联轴器完全露出。

(2)用样冲冲齐圆锥销的小端，用铜棒(手锤)敲击，敲击时均匀用力。

(3)敲击力的方向与圆锥销的轴线方向一致。

(4)当敲击出一个圆锥销时，旋转丝杠 180°，再拆下另一个圆锥销。

(5)圆锥销拆卸完毕，摇动手柄，使两轴离开一段距离再拿下套筒。

第四步：更换圆锥销。

第五步：安装套筒联轴器。安装套筒联轴器时，要注意以下几点。

(1)安装套筒联轴器之前，要对所拆下的套筒清洗。

(2)安装时，尽量一次就使套筒与轴上圆锥孔对齐。

第六步：安装好联轴器后，车床在使用前的调试。调试有以下几项内容：正反试车、试车削工件，主要看一下联轴器安装完毕，车床是否达到预期性能。

5) 任务实施过程中出现的问题

写出在任务实施过程中所碰到的问题以及小组或者个人解决的方法与途径，分析出现的原因，并分析避免这种问题出现的措施。

这是关键的一个过程，因为每一个任务在实施过程中，不可避免都会碰到这样那样的问题，这正是培养学生判断力和解决问题能力的关键，有时问题解决并不是一帆风顺的，需要学生做很多的工作、思考很多的解决方案，这可以培养学生的独立性和耐力。

6) 工作任务完成总结并验收评价

根据各个小组的完成情况以及各个小组长的汇报，教师及时对小组成员作出肯定，指出其优点，激励学生更好地完成。学生全部完成，学生质检员宣布自己对于各个小组在各个环节的质量检查结果，对此次同学的实训情况作出评价。

教师要对各个小组完成情况进行比对，并且对他们逐一作出评价，对完成优秀的小组作出奖励。这个阶段，教师还要关注学生在实训课结束后还有没有其他的问题不明白，只要有问题存在，教师都要适时解答疑问。通过总结，可以让学生巩固所学知识，提高学生的综合职业素质和能力。

　　分为三个层次进行评定,即教师、组内、组间,每个层面的评定内容有所不同。其评价方法如表 8-6 所示。制定评价内容及标准,建立能力的评定等级,项目成绩评定等,如表 8-7～表 8-11 所示。

表 8-6　评价方法

关键环节	教师扮演的角色	学生扮演的角色
自评	协助学生展示自己的学习效果,引导学生从多个角度加以评价	学生上台总结,表达
互评	教师对完成的项目进行总结与回顾,对完成较好组员的表现进行当堂认可,然后就主要问题进行集中解决。评定从两方面入手,即结果性评价和过程性评价	展示,欣赏,分享,相互评价
教师评价	评价内容:过程性评价主要是考察学生的组员的学习能力、协作能力、工作态度;结果性评价主要是考察学生是否达到了学习目标,如工具使用正确、布线合理、检测方法正确、操作顺序得当、达到预期效果。就训练中出现的主要问题进行分析,并提出解决方法	认真听取教师点评,并反思不足
提出新问题	诱导,拓展知识面	产生新的学习需求

　　本课程贯彻综合化考核原则,理论知识与实践技能考核相结合,单一能力与综合能力考核相结合,个别与群体考核相结合,全面考核学生的知识、能力和综合素质。以过程考核为主,考核涵盖项目全过程,主要从项目操作实施来进行考核。

　　由于实施了任务驱动教学法,为实施过程考核提供了条件。本课程采用过程考评(项目考评)与期末考评(卷面考评)相结合的方法,强调过程考评的重要性。过程考评占 70 分,期末考评占 30 分,取代了依靠一次期末考试来确定成绩的方式。

表 8-7　考核评价要求

考评方式	过程考评(项目考评)70%			期末考评(卷面考评)30%
	素质考评	工单考评	实操考评	
考评实施	由指导教师根据学生表现集中考评	由主讲教师根据学生完成的工单情况考评	由实训指导教师对学生进行项目操作考评	按照教考分离原则,由学校教务处组织考评
考评要求	严格遵循生产纪律和 5S 操作规范,主动协助小组其他成员共同完成工作任务,任务完成后清理场地等	认真撰写和完成任务工单,准确完整、字迹工整	积极回答问题、掌握工作规范和技巧,任务方案正确、工具使用正确、操作过程正确、任务完成良好	建议题型:单项选择题、多项选择题、判断题、问答题、论述题

　　注:造成设备损坏或人身伤害的本项目计 0 分。

　　每个学习项目的过程考核都有详细标准,下面是一个学习项目的考核标准。

表 8-8　考核方式与标准

项目编号	考核点及占项目分值比	建议考核方式	评价标准			成绩比例(%)
			优	良	及格	
项目(**)	1. 查阅相关资料和规范(10%)	教师评价+互评	能熟练地读懂装配图纸和相关技术要求	能正确读懂装配图纸和相关技术要求	能读懂装配图纸和相关技术要求	10

续表

项目编号	考核点及占项目分值比	建议考核方式	评价标准			成绩比例(%)
			优	良	及格	
项目(**)	2. 分解任务、准备工具与制定方案(20%)	教师评价+互评	列出详细工具、量具、备件清单,详细维修流程、工艺要求与测试步骤,工作计划周密、合理	列出详细工具、量具、备件清单,详细维修流程与测试步骤,工作计划合理	列出详细工具、量具、备件清单,详细维修流程与测试步骤,工作计划基本合理	10
	3. 操作实施(30%)	教师评价+自评	拆装顺序正确,操作规范熟练,正确使用工具、量具	拆装顺序正确,操作规范,正确使用工具、量具	拆装顺序基本正确,操作基本规范,使用工具、量具基本正确	
	4. 工作单(15%)	教师评价	填写规范、内容完整,有详细过程记录和分析,并能提出一些新的建议	填写规范、内容完整,有详细过程记录和分析	填写规范、内容完整,有较详细过程记录	
	5. 项目公共考核点(25%)		见表8-9			

表 8-9　项目公共考核评价标准

项目公共考核点	建议考核方式	评价标准		
		优	良	及格
职业道德安全生产(30%)	教师评价+自评+互评	具有良好的职业操守:敬业、守时、认真、负责、吃苦、踏实;安全、文明工作;正确准备个人劳动保护用品;正确采用安全措施保护自己,保证工作安全	安全、文明工作,职业操守较好	没出现违纪违规现象
学习态度(20%)	教师评价	学习积极性高,虚心好学	学习积极性较高	没有厌学现象
团队协作精神(15%)	互评	具有良好的团队合作精神,热心帮助小组其他成员	具有良好的团队合作精神,能帮助小组其他成员	能配合小组完成任务
创新精神和能力(15%)	互评+教师评价	能创造性地学习和运用所学知识,在教师的指导下,能主动地、独立地学习,并取得创造性学习成就;能用专业语言正确流利地展示项目成果	在教师的指导下,能主动地、独立地学习,有创新精神;能用专业语言正确、较为流利地阐述项目	在教师的指导下,能主动地、独立地学习;能用专业语言基本正确地阐述项目
组织实施能力(20%)	互评+教师评价	能根据工作任务,对资源进行合理配合,同时正确控制、激励和协调小组活动过程	能根据工作任务,对资源进行合理配合,同时较正确控制、激励和协调小组活动过程	能根据工作任务,对资源进行分配,同时控制、激励和协调小组活动过程,无重大失误

表 8-10　能力的评定等级

等级	评价标准
4	C. 能高质、高效地完成此项技能的全部内容,并能指导他人完成
	B. 能高质、高效地完成此项技能的全部内容,并能解决遇到的特殊问题
	A. 能高质、高效地完成此项技能的全部内容
3	能高质、高效地完成此项技能的全部内容,并不需任何指导
2	能高质、高效地完成此项技能的全部内容,并偶尔需要帮助和指导
1	能高质、高效地完成此项技能的部分内容,但在现场的指导下,能完成此项技能的全部内容

表 8-11　项目成绩评定

教师评语及改进意见	学生对课业成绩的反馈意见

注：合格表示全部项目都能达到 3 级水平；良好表示 60% 项目能达到 4 级水平；优秀表示 80% 项目能达到 4 级水平。

7) 知识拓展

在总结本次实训课所学知识的基础上，教师及时补充与本次课相关的知识，也可以利用问题留给学生的方式，让他们去查资料，及时补充课堂尚未涉及的相关知识。

这样不仅可以拓宽学生的视野，激励学生的积极性，还可以锻炼学生的独立学习的习惯。

8) 学生对完成该任务总结，写出实训报告

任务完成，每一位学生都会有不同程度的认识和提高，所以及时总结实施过程中曾经出现的困惑与收获非常必要。

及时的反思可以为学生掌握知识提供帮助，这个过程也是对知识的一次升华。

思　考　题

1. 简述任务驱动法实施的步骤。
2. 任务驱动教学法在应用上应把握哪几个要点？
3. 教师和学生在任务驱动教学法中分别承担什么任务？
4. 简述任务驱动法实施的目标及应用领域。
5. 结合实际教学设计一个任务驱动教学法案例。

第9章 模拟教学法

模拟教学法指的是按照时间发展顺序，在模型的辅助下，按照事情发展的逻辑顺序及其依存关系和相互作用来复制事件、流程(过程)。采用仿真模型(模拟器)来取代真实(原型)。它们被有目的地简化，并按照时间发展顺序，塑造出原型的基本特征和功能关系。

9.1 模拟教学法应用分析

模拟教学法需使用相应的模拟器，模拟器可以是真实物质的功能模型，也可以是抽象的功能模型。真实物质的功能模型有些是与原型一致的，如按1∶1比例的飞机模拟器、汽车驾驶模拟器；有些是缩小版的，如铁轨模型、机器人模型。抽象的功能模型有些是纸/铅笔模型(paper-pencil-model)；有些是软件模型，如表格计算、控制程序的监测系统、模块导向的物流模拟器等。模拟器可以模拟连续或者离散的时间过程，也可以按照实时速度，使时间加快(抓快)或者变慢(采用慢镜头)。时间的控制可以由学生独立手动(逐步进行)或者模拟器自动(按照输入的数据)来进行。

1. 模拟教学法的目标

使用模拟教学法，学生面对着一个贴近实际情况，动态变化的问题。他能够积极主动，自己组织安排以下行为：掌握并训练技能；尝试应用知识，做出决策，解决问题；并且在规定的时间内进行工作，搜集信息以及有目标地进行实验。

在模拟教学法的帮助下单个学生或者学生小组可以独立处理个性化的学习问题。使用模拟教学法，要求学生始终有着系统化的操作方法。使用模拟教学法来解决复杂问题，属于项目教学法的一种。

模拟教学法通过观察一段时间内的流程，理解其中的逻辑关系，然后通过实验来探究学习，以此来激发学生的学习积极性和对新事物的好奇心，使其能够进行系统的思考和有计划的行动。

2. 应用领域

模拟教学主要通过在模拟的情境或环境中学习和掌握专业知识、技能和能力，其运用主要有三种情况。

第一种是在模拟工厂进行，多适用于技术类职业；第二种是在模拟办公室、模拟法庭、模拟公司等模拟情境或环境中进行，多适用于经济类、服务类职业，如秘书、会计、饭店服务、旅游服务等专业和法律基础知识课程等；第三种是计算机仿真模拟，如目前学校使用比较多的数控技术与应用仿真训练系统。

在机械工程专业教学中，模拟教学法重点培养学生对实际机电设备维修问题的诊断、分析能力及拓展和迁移能力。教师根据实际教学需求、组成教学设备研发团队，开发仿真性模拟实验台和模拟教学系统，通过模拟仿真教学，强化机电设备维修过程和诊断能力的培养。

3. 模拟教学法的实施过程

实施模拟教学法，教师需要预先确定学习目标和学习领域，创设问题的情境，建立知识目标，并提供相应的学习用品(模拟器)。在这个过程中，学生必须弄懂并独立计划使用模拟器作为辅助设备寻找解决问题的途径，学生必须独立完成观察和监测模拟运行，对模拟结果进行收集，评估并存档，并且要修改仿真模型，相关参数和重复进行模型实验，同时还要对所获得的知识进行反思。教师在此扮演咨询者和支持者的角色。

　　模拟教学法的具体实施过程是按照行动导向教学理念的完整实施过程，共分为 5 个阶段，如图 9-1 所示。

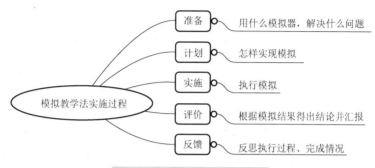

图 9-1　模拟教学法的实施过程

1) 准备阶段

　　在准备阶段，学生需要熟悉现实的问题，解决问题所需的知识和提出的问题，熟悉真实系统(模拟器)的功能模型，并需要弄懂评估，观察和测量大小的目标及类似的情况等。

2) 计划阶段

　　在计划阶段，学生需要对预计取得的结果，相关联系及发展提出某种假设，同时对模拟实验和运行做出周密的计划，如数量、模拟时间长度等，还要弄懂每个实验的输入值、初始条件和测试条件等。

3) 实施阶段

　　在实施阶段，学生首先要设置模拟器的初始状态，然后开始观察并结束模拟运行，在模拟过程中根据发生的情况执行必要的行动，并做出相应的决策，同时要保存模拟结果和模拟流程的信息。

4) 评价/汇报阶段

　　在评价/汇报阶段，学生需要评价收集到的信息，对模拟结果进行提取总结和介绍，各小组间需要相互比较系列实验的结果，然后决定进一步的实验，从而得出结论，将结果存档，最后需要向全体同学和老师汇报结果与结论。

5) 反馈阶段

　　在反馈阶段，学生需要将结果与一开始提出的假设进行比较，从而得出某种结论，还需要对个人知识的增长进行反思，主要有以下几个方面，反思自己对专业知识的掌握程度，各专业知识点之间相互关系的理解程度，对解决问题的操作方法的熟练程度，以及时间计划安排得是否合理等。

　　尽管在模拟教学过程中学生是实施的主体，但教师也必须做大量的工作，主要有以下几点。

　　教师首先需要确定学习目标和学习领域，运用演示、训练、功能测试或者模拟实验等方法解释模拟教学法应用的类型，还要开发相关的学习材料用来描述现实的问题，解决问题所需的知识和技能。

　　然后，教师按照以下步骤开发真实系统的功能模型（模拟器），按照原型和模型的相似关系选择"模型材料"，确定学生在模拟中要接受的任务，计划时间并控制模拟，在实时模拟的过程中做记录并搜集信息，准备仿真模型并进行功能测试和确认，同时还需要编写描述仿真模型的工作原理和模拟器的使用说明及学习材料等。

　　在模拟教学法实施过程中，教师需要检测学生在自学中掌握的知识（学习材料），指导学生独立操作模拟器，回答随时出现的问题，必要时提供帮助，观察学生的工作进程，搜集反复出现的问题和需完善的条件。

　　教师还需要辅导学生进行评价，比较性地对结果进行介绍，得出结论，对操作方法进行介绍等。辅导学生听取报告，讨论结果，可以采用教师（向学生）提问的方式，也可以采用组织其他模拟小组的同学进行提问的方式等。组织学生讨论在哪些方面获得了知识的增长，是通过预计出现的/意料之外的结果获得的，还是通过程序和工作方法获得的。

　　最后，教师还要根据学生对模拟器实际操作的情况，结果汇报（演讲）以及总结报告等，给定学生学习的最终成绩。

4. 采用模拟教学法的优缺点

1）采用模拟教学法的优点

（1）可以模仿复制出危险昂贵复杂的情境，达到学习、测试和实验的目的。

（2）可以组织安排个人独立工作和团队合作。

（3）可以通过观察和实验来加深对动力系统及加工过程中复杂的相互作用的理解。

（4）支持个人对所做决定和采取的结局方案在短期与长期内的功效进行自我检查。

（5）可以检测个人能力和技能。

（6）可以实现个人探究性的学习。

（7）一个模拟器可用于多种不同的学习目标和问题情境。

2）采用模拟教学法的缺点

（1）必须拥有仿真模型（模拟器），并且该设备可供教学使用。

（2）模拟器的研发与制造成本很高，需要时间和资源。

（3）关于学生个体进行搜寻、修改和实验策略的咨询，要求对可能出现的错误和学生必须清楚阐明的因果关系进行大量讨论。

　　仿真教学的目的是使学生更直观地观察程序的运行，在系统运行前，掌握系统可能出现的运行结果。使用学生练习软件进行仿真，可以使学生方便地观察到程序运行和系统工作的对应关系，使内在的程序的功能更直观。本课程可以通过机械工程仿真软件，使学生更加直观地了解电路及其连接，了解机电设备的构造。

9.2　模拟教学法教学案例一

案例名称：液压油缸的模拟装配

　　本案例运用数控机床故障诊断与维修仿真系统进行液压油缸的模拟装配训练。按照模拟教学法的实施步骤，按如下 5 个过程进行。

1. 准备阶段

学生首先准备好数控机床故障诊断与维修仿真系统软件，并熟悉该软件系统的功能和特点，熟悉软件的使用和操作。学生对模拟教学的内容要清楚，了解与其相关的专业基础知识，针对本案例，学生应该了解液压油缸的结构以及装配流程等。

本案例采用上海景格软件开发有限公司开发的数控机床故障诊断与维修仿真系统 V3.5 软件。

1) 软件的主要特点

(1) 系统以 FANUC 系统、莱工铣床为开发模型，结合三维仿真技术、信息技术、系统技术及其应用领域有关的专业技术，详细展示数控铣床的机构、原理、操作方法和故障检测。

(2) 系统采用二维与三维结合的方式生动、详尽地展示数控铣床各零部件的结构和工作原理、电气原理、数控系统操作以及数控机床故障检测及排除，既提高了学习的趣味性及教学效率，又可节省购买大量昂贵实物模型的费用。

(3) 系统大量的数据通过实验测试取得结果，并经过理论分析，确保系统的准确性和真实性。

(4) 系统生动形象地展示了数控系统的连接过程，通过模拟连接可以熟练掌握真实的连接过程。

(5) 系统真实展示了数控机床的面板操作，在真实操作前通过模拟操作数控系统面板，可大量节省真实实训的时间及成本，提高实训效率。

(6) 系统的网络版软件提供联机考核功能；故障考核时，教师机可以为局域网内每台机器设置不同故障；连接考核随机为学生摆放实物位置；系统详细记录整个考核过程，确保考核的公正性和准确性。

(7) 系统采用微软的 DirectX 图形编程技术，保证系统的先进性和运行时良好性能；系统采用 C/S 结构，网络只传输系统数据，不会因为网络流量而影响软件运行时的良好性能；数据库采用 SQL Server，确保数据的稳定性与安全性。

2) 软件的主要功能

(1) 系统介绍莱工铣床的机械结构、工作原理、运动过程，包含机床总体结构、进给伺服系统、主轴传动系统、机床装配，系统采用三维虚拟方式表达各系统部件以及它们之间的位置关系。

(2) 系统提供电路原理介绍、系统连接、系统参数，其中电路原理、系统连接以二维互动模式进行介绍，系统参数模拟了 FANUC 实际参数设置的过程和效果；另外系统提供传教案自定义接口。

(3) 可进行故障诊断。

① 提供常见的系统故障、机械故障的设置，可手动或随机设置。

② 根据故障设定显示相应的故障现象，用户可以自定义每个故障的故障现象。

③ 通过示波仪，可以显示各传感器的输出波形，包含正常波形及故障波形。

④ 系统使用万用表可以检测电阻和电压，并提供不同的测量量程。

⑤ 根据故障现象，使用不同的检测方法对相应的部件进行检查，可以使故障现象更加明朗，进一步确定范围或者直接确定故障部件，故障诊断方法可以自定义。

2. 计划阶段

在该阶段，学生应该安排合理的模拟时间，设计出液压油缸的装配流程，可分小组分别实施，仿真在多媒体机房进行。

3. 实施阶段

在该阶段学生按照教师的指导和搜集的资料操作软件。该液压油缸的装配按以下顺序进行：小密封圈→大密封圈→缸体→螺栓→弹簧→活塞→大密封圈→油缸前盖→螺栓→螺母。在装配过程中，如果顺序错误，将不能把该零件装配上，并要被扣掉一定的分值，只有装配顺序完全正确，才能获得满分。图9-2～图9-13所示为液压油缸的装配模拟。

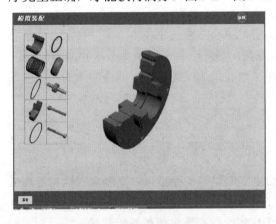

图9-2　装配前的初始状态　　　　　　图9-3　安装小密封圈

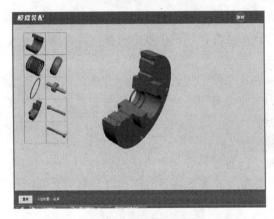 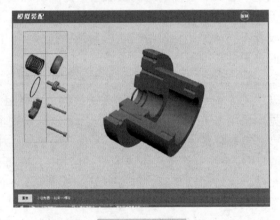

图9-4　安装大密封圈　　　　　　图9-5　安装缸体

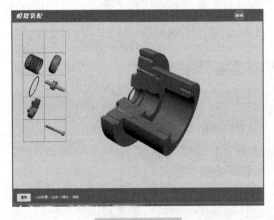 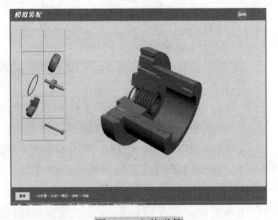

图9-6　安装螺栓　　　　　　图9-7　安装弹簧

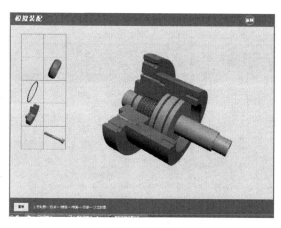

图 9-8　安装活塞

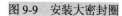

图 9-9　安装大密封圈

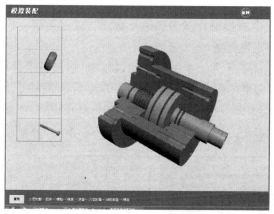

图 9-10　安装油缸前盖

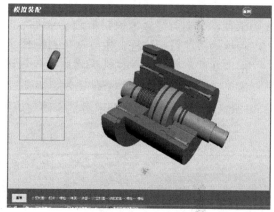

图 9-11　安装螺栓

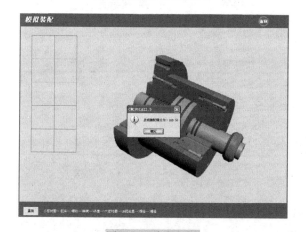

图 9-12　安装螺母

图 9-13　装配完成得分

4. 评价/汇报阶段

分为三个层次进行评定，即教师、组内、组间，每个层面的评定内容有所不同。其评价方法如表 9-1 所示。制定评价内容及标准，建立能力的评定等级，项目成绩评定等，如表 9-2～表 9-6 所示。

表 9-1　评价方法

关键环节	教师扮演的角色	学生扮演的角色
自评	协助学生展示自己的学习效果，引导学生从多个角度加以评价	学生上台总结，表达
互评	教师对完成的项目进行总结与回顾，对完成较好组员的表现进行当堂认可，然后就主要问题进行集中解决。评定从两方面入手，即结果性评价和过程性评价	展示，欣赏，分享，相互评价
教师评价	评价内容：过程性评价主要是考察学生的组员的学习能力、协作能力、工作态度；结果性评价主要是考察学生是否达到了学习目标，如工具使用正确、布线合理、检测方法正确、操作顺序得当、达到预期效果。就训练中出现的主要问题进行分析，并提出解决方法	认真听取教师点评，并反思不足
提出新问题	诱导，拓展知识面	产生新的学习需求

本课程贯彻综合化考核原则，理论知识与实践技能考核相结合，单一能力与综合能力考核相结合，个别与群体考核相结合，全面考核学生的知识、能力和综合素质。以过程考核为主，考核涵盖项目全过程，主要从项目操作实施来进行考核。

由于实施了模拟教学法，为实施过程考核提供了条件。本课程采用过程考评(项目考评)与期末考评(卷面考评)相结合的方法，强调过程考评的重要性。过程考评占 70 分，期末考评占 30 分，取代了依靠一次期末考试来确定成绩的方式。

表 9-2　考核评价要求

考评方式	过程考评(项目考评)70%			期末考评(卷面考评)30%
	素质考评	工单考评	实操考评	
考评实施	由指导教师根据学生表现集中考评	由主讲教师根据学生完成的工单情况考评	由实训指导教师对学生进行项目操作考评	按照教考分离原则，由学校教务处组织考评
考评要求	严格遵循生产纪律和 5S 操作规范，主动协助小组其他成员共同完成工作任务，任务完成后清理场地等	认真撰写和完成任务工单，准确完整、字迹工整	积极回答问题、掌握工作规范和技巧，任务方案正确、工具使用正确、操作过程正确、任务完成良好	建议题型：单项选择题、多项选择题、判断题、问答题、论述题

注：造成设备损坏或人身伤害的本项目计 0 分。

每个学习项目的过程考核都有详细标准，下面是一个学习项目的考核标准。

表 9-3　考核方式与标准

项目编号	考核点及占项目分值比	建议考核方式	评价标准			成绩比例(%)
			优	良	及格	
项目(**)	1. 查找相关资料、熟悉软件操作方法(10%)	教师评价+互评	能快速、准确地查找液压油缸装配的相关资料、掌握故障诊断与维修仿真软件	能准确地查找液压油缸装配的相关资料、掌握故障诊断与维修仿真软件	能查找液压油缸装配的相关资料、掌握故障诊断与维修仿真软件	10
	2. 详细仿真方案(20%)	教师评价+互评	能快速、正确制定仿真流程安排仿真时间，准备多媒体机房，工作计划周密、合理	能正确制定仿真流程安排仿真时间，准备多媒体机房，工作计划合理	能制定仿真流程安排仿真时间，准备多媒体机房，工作计划基本合理	

续表

项目编号	考核点及占项目分值比	建议考核方式	评价标准			成绩比例(%)
			优	良	及格	
项目(**)	3. 操作实施(30%)	教师评价+自评	在仿真软件上，按装配顺序迅速准确地完成液压油缸的装配	在仿真软件上，按装配顺序准确地完成液压油缸的装配	在仿真软件上，按装配顺序完成液压油缸的装配	10
	4. 工作单(15%)	教师评价	填写规范、内容完整，有详细过程记录和分析，并能提出一些新的建议	填写规范、内容完整，有详细过程记录和分析	填写规范、内容完整，有较详细过程记录	
	5. 项目公共考核点(25%)		见表9-4			

表 9-4　项目公共考核评价标准

项目公共考核点	建议考核方式	评价标准		
		优	良	及格
职业道德安全生产(30%)	教师评价+自评+互评	具有良好的职业操守：敬业、守时、认真、负责、吃苦、踏实；安全、文明工作；正确准备个人劳动保护用品；正确采用安全措施保护自己，保证工作安全	安全、文明工作，职业操守较好	没出现违纪违规现象
学习态度(20%)	教师评价	学习积极性高，虚心好学	学习积极性较高	没有厌学现象
团队协作精神(15%)	互评	具有良好的团队合作精神，热心帮助小组其他成员	具有良好的团队合作精神，能帮助小组其他成员	能配合小组完成任务
创新精神和能力(15%)	互评+教师评价	能创造性地学习和运用所学知识，在教师的指导下，能主动地、独立地学习，并取得创造性学习成就；能用专业语言正确流利地展示项目成果	在教师的指导下，能主动地、独立地学习，有创新精神；能用专业语言正确、较为流利地阐述项目	在教师的指导下，能主动地、独立地学习；能用专业语言基本正确地阐述项目
组织实施能力(20%)	互评+教师评价	能根据工作任务，对资源进行合理配合，同时正确控制、激励和协调小组活动过程	能根据工作任务，对资源进行合理配合，同时较正确地控制、激励和协调小组活动过程	能根据工作任务，对资源进行分配，同时控制、激励和协调小组活动过程，无重大失误

表 9-5　能力的评定等级

等级	评价标准
4	C. 能高质、高效地完成此项技能的全部内容，并能指导他人完成 B. 能高质、高效地完成此项技能的全部内容，并能解决遇到的特殊问题 A. 能高质、高效地完成此项技能的全部内容
3	能高质、高效地完成此项技能的全部内容，并不需任何指导
2	能高质、高效地完成此项技能的全部内容，并偶尔需要帮助和指导
1	能高质、高效地完成此项技能的部分内容，但在现场的指导下，能完成此项技能的全部内容

表 9-6　项目成绩评定

教师评语及改进意见	学生对课业成绩的反馈意见

注：合格表示全部项目都能达到 3 级水平；良好表示 60% 项目能达到 4 级水平；优秀表示 80% 项目能达到 4 级水平。

5. 反馈阶段

在总结本次实训课所学知识的基础上，教师及时补充与本次课相关的知识，也可以利用问题留给学生的方式，让他们去查资料，及时补充课堂尚未涉及的相关知识。这样不仅可以拓宽学生的视野，激励学生的积极性，还可以锻炼学生的独立学习的习惯。

9.3　模拟教学法教学案例二

案例名称：运用斯沃数控装配仿真软件模拟接触器的使用

本案例运用斯沃数控装配仿真软件模拟接触器的使用训练。按照模拟教学法的实施步骤，按如下 5 个过程进行。

1. 准备阶段

学生首先准备好数控机床故障诊断与维修仿真系统软件，并熟悉该软件系统的功能和特点，熟悉软件的使用和操作。

学生对模拟教学的内容要清楚，了解与其相关的专业基础知识，针对本案例，学生应该了解的接触器结构、用途和功能特点等。

本案例采用斯沃数控装配仿真软件模拟电器元件，SscncBuilder 是以使学生理解、运用电子线路知识，进行数控机床电路的设计为目的，缩短学生感受电路理论学习和实际产品生产的差异，培养学生的电路实际设计水平，提高动手能力，同时熟悉常用电子元器件，装配技术、整机结构。在一定程度上，SscncBuilder 也不失为电气工程师的设计工具，缩短了设计周期和产品推向市场的时间。SscncBuilder 可以模拟电子线路、电子元器件以及电子元器件装配等功能。

2. 计划阶段

在该阶段，学生应该安排合理的模拟时间，设计出相应的模拟电路图，掌握电子元器件的结构、特点以及功能应用等，可分小组分别实施，仿真在多媒体机房进行。

3. 实施阶段

在该阶段学生按照教师的指导和搜集的资料操作软件。

1) 启动电路的模拟(图 9-14)

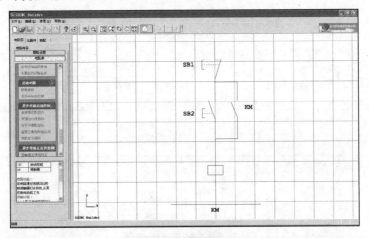

图 9-14　启动电路

　　电路功能：通过按钮 SB2(长动)控制接触器辅助触点闭合，实现长动工作。通过按钮
SB3(点动)直接控制接触器线圈，实现点动工作。

　　控制过程如下。

　　(1)按下启动按钮 SB2。

　　(2)接触器 KM 线圈得电。

　　(3)KM 常开触点闭合接触器自锁。

　　(4)电动机转动。

　　(5)按下关闭按钮。

　　(6)接触器 KM 线圈失电。

　　(7)KM 常开触点断开。

　　(8)电动机失电停止。

　　(9)按下启动按钮 SB3。

　　(10)接触器 KM 得电但不自琐。

　　(11)电动机得电转动。

　　(12)松开按钮 SB3。

　　(13)接触器 KM 线圈失电。

　　(14)电动机停止。

2)异步电机启动控制的模拟(图 9-15)

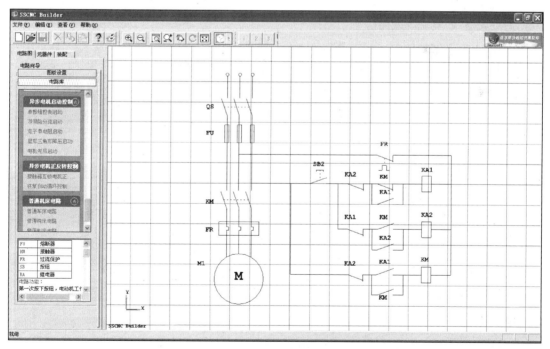

图 9-15　异步电机启动控制

3)普通车床电路的模拟(图 9-16)

　　电路功能：该电路适用于运动部件循环周期长，电动机转轴具有足够刚性的电力拖动
系统。

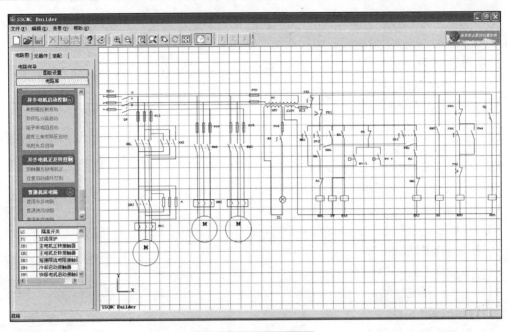

图 9-16　普通车床电路

控制过程如下。

(1) 按下启动按钮 SB2。

(2) 接触器 KM1 线圈得电。

(3) KM1 常开触点闭合、接触器自锁 KM1 常闭触点断开。

(4) 作 KM1 主触点闭合。

(5) 电动机启动正转。

(6) 撞块压下 SQ2 常闭触点断开 KM1 断电、电动机停止。

(7) SQ2 常开触点闭合。

(8) 接触器 KM1 线圈得电。

(9) KM2 常开触点闭合、接触器自锁 KM2 常闭触点断开。

(10) KM2 主触点闭合。

(11) 电动机启动反转。

(12) 撞块压下 SQ1 电动机反转。

4. 评价/汇报阶段

分为三个层次进行评定，即教师、组内、组间，每个层面的评定内容有所不同。评价方法如表 9-7 所示。制定评价内容及标准，建立能力的评定等级，项目成绩评定等，如表 9-8～表 9-12 所示。

表 9-7　评价方法

关键环节	教师扮演的角色	学生扮演的角色
自评	协助学生展示自己的学习效果，引导学生从多个角度加以评价	学生上台总结，表达
互评	教师对完成的项目进行总结与回顾，对完成较好组员的表现进行当堂认可，然后就主要问题进行集中解决。评定从两方面入手，即结果性评价和过程性评价	展示，欣赏，分享，相互评价

续表

关键环节	教师扮演的角色	学生扮演的角色
教师评价	评价内容：过程性评价主要是考察学生的组员的学习能力、协作能力、工作态度；结果性评价主要是考察学生是否达到了学习目标，如工具使用正确、布线合理、检测方法正确、操作顺序得当、达到预期效果。就训练中出现的主要问题进行分析，并提出解决方法	认真听取教师点评，并反思不足
提出新问题	诱导，拓展知识面	产生新的学习需求

　　本课程贯彻综合化考核原则，理论知识与实践技能考核相结合，单一能力与综合能力考核相结合，个别与群体考核相结合，全面考核学生的知识、能力和综合素质。以过程考核为主，考核涵盖项目全过程，主要从项目操作实施来进行考核。

　　由于实施了模拟教学法，为实施过程考核提供了条件。本课程采用过程考评(项目考评)与期末考评(卷面考评)相结合的方法，强调过程考评的重要性。过程考评占 70 分，期末考评占 30 分，取代了依靠一次期末考试来确定成绩的方式。

表 9-8　考核评价要求

考评方式	过程考评(项目考评)70%			期末考评(卷面考评)30%
	素质考评	工单考评	实操考评	
考评实施	由指导教师根据学生表现集中考评	由主讲教师根据学生完成的工单情况考评	由实训指导教师对学生进行项目操作考评	按照教考分离原则，由学校教务处组织考评
考评要求	严格遵循生产纪律和 5S 操作规范，主动协助小组其他成员共同完成工作任务，任务完成后清理现场等	认真撰写和完成任务工单，准确完整、字迹工整	积极回答问题、掌握工作规范和技巧、任务方案正确、工具使用正确、操作过程正确、任务完成良好	建议题型：单项选择题、多项选择题、判断题、问答题、论述题

注：造成设备损坏或人身伤害的本项目计 0 分。

　　每个学习项目的过程考核都有详细标准，下面是一个学习项目的考核标准。

表 9-9　考核方式与标准

项目编号	考核点及占项目分值比	建议考核方式	评价标准			成绩比例(%)
			优	良	及格	
项目(**)	1. 查找相关资料、熟悉软件操作方法(10%)	教师评价+互评	能快速、准确地查找接触器使用的相关资料、掌握故障诊断与维修仿真软件	能准确地查找接触器使用的相关资料、掌握故障诊断与维修仿真软件	能查找接触器使用的相关资料、掌握故障诊断与维修仿真软件	10
	2. 详细仿真方案(20%)	教师评价+互评	能快速、正确制定仿真流程安排仿真时间，准备多媒体机房，工作计划周密、合理	能正确制定仿真流程安排仿真时间，准备多媒体机房，工作计划合理	能制定仿真流程安排仿真时间，准备多媒体机房，工作计划基本合理	
	3. 操作实施(30%)	教师评价+自评	在仿真软件上，迅速准确地完成启动电路模拟、异步电机启动控制模拟和普通车床电路模拟	在仿真软件上，准确地完成启动电路模拟、异步电机启动控制模拟和普通车床电路模拟	在仿真软件上，完成启动电路模拟、异步电机启动控制模拟和普通车床电路模拟	
	4. 工作单(15%)	教师评价	填写规范、内容完整，有详细过程记录和分析，并能提出一些新的建议	填写规范、内容完整，有详细过程记录和分析	填写规范、内容完整，有较详细过程记录	
	5. 项目公共考核点(25%)		见表 9-10			

表 9-10　项目公共考核评价标准

项目公共 考核点	建议考核方式	评价标准		
		优	良	及格
职业道德 安全生产 (30%)	教师评价+ 自评+互评	具有良好的职业操守: 敬业、守时、认 真、负责、吃苦、踏实; 安全、文明工作; 正确准备个人劳动保护用品; 正确采用安 全措施保护自己, 保证工作安全	安全、文明工作, 职业 操守较好	没出现违纪违规 现象
学习态度 (20%)	教师评价	学习积极性高, 虚心好学	学习积极性较高	没有厌学现象
团队协作精神 (15%)	互评	具有良好的团队合作精神, 热心帮助 小组其他成员	具有良好的团队合作精 神, 能帮助小组其他成员	能配合小组完成 任务
创新精神和能 力(15%)	互评+ 教师评价	能创造性地学习和运用所学知识, 在 教师的指导下, 能主动地、独立地学习, 并取得创造性学习成就; 能用专业语言 正确流利地展示项目成果	在教师的指导下, 能主 动地、独立地学习, 有创 新精神; 能用专业语言正 确、较为流利地阐述项目	在教师的指导下, 能主动地、独立地学 习; 能用专业语言基 本正确地阐述项目
组织实施能力 (20%)	互评+ 教师评价	能根据工作任务, 对资源进行合理配 合, 同时正确控制、激励和协调小组活 动过程	能根据工作任务, 对资 源进行合理配合, 同时较 正确控制、激励和协调小 组活动过程	能根据工作任务, 对资源进行分配, 同 时控制、激励和协调 小组活动过程, 无重 大失误

表 9-11　能力的评定等级

等级	评价标准
4	C. 能高质、高效地完成此项技能的全部内容, 并能指导他人完成 B. 能高质、高效地完成此项技能的全部内容, 并能解决遇到的特殊问题 A. 能高质、高效地完成此项技能的全部内容
3	能高质、高效地完成此项技能的全部内容, 并不需任何指导
2	能高质、高效地完成此项技能的全部内容, 并偶尔需要帮助和指导
1	能高质、高效地完成此项技能的部分内容, 但在现场的指导下, 能完成此项技能的全部内容

表 9-12　项目成绩评定

教师评语及改进意见	学生对课业成绩的反馈意见

注: 合格表示全部项目都能达到 3 级水平; 良好表示 60% 项目能达到 4 级水平; 优秀表示 80% 项目能达到 4 级水平。

5. 反馈阶段

在总结本次实训课所学知识的基础上, 教师及时补充与本次课相关的知识, 也可以利用问题留给学生的方式, 让他们去查资料, 及时补充课堂尚未涉及的相关知识。这样不仅可以拓宽学生的视野, 激励学生的积极性, 还可以锻炼学生的独立学习的习惯。

思　考　题

1. 什么是模拟教学法？
2. 简述模拟教学法的实施步骤。
3. 模拟教学法教学如何选择模拟器？
4. 简述模拟教学法的优缺点。
5. 结合实际教学设计一个模拟教学法案例。

第 10 章　案例教学法

案例教学是指教师在教学过程中，为了培养和提高学生应用知识的能力，提高学生解决问题的能力和判断力而使用的一种教学方法。这种方法的重点放在解决问题的过程上。教学中的每个案例都来源于生产实际，教师把本专业实际操作中一些特例作为个案形式让学生去分析和研究、身临其境地进行分析和决策，并提出各种解决问题的方案，从而提高学生解决实际问题的能力。

10.1　案例教学法应用分析

案例教学法是素质教育的一种模式，是一种全新的、以传授方法为目的的教学模式。案例教学法的精髓不在于让学生强记内容，而是迫使他们开动脑筋，苦苦思考所遇到的现实问题。对于机械工程专业的学生来说，实践性的东西比较多，运用案例教学法激发学生的学习兴趣，促使他们去思索和探讨。实际上，机械工程专业应用案例教学，并不重视学生是否能得出正确答案，重视的是每个小组的同学齐心协力，共同得出结论的思考和合作的过程。案例教学法是培养学生综合素质的有效手段。案例教学中，教师实际扮演着组织者、引导者、参与者、启发者和促进者多种角色。在学生提出棘手的问题导致讨论无法进行时，教师要给予适当的提示；当学生的讨论过于激烈导致讨论偏离方向时，教师要控制住局面，将讨论引向正确的方向。这种教学方法对教师的知识储备、控制局面的能力、应变能力都有较高的要求。

1. 案例教学法的目标

机械工程专业是一门实践性、应用性非常广泛的专业，机械工程专业实施案例教学，可以有效地将工厂车间实际操作引入课堂，调动了学生的积极性和参与度，活跃了课堂气氛，有利于培养学生的分析和解决实际问题的能力，有利于培养学生较强的综合能力和实践能力，具备一定的团队合作能力、创新能力等，符合职业教育的"以能力为本位"的教学理念。

2. 应用领域

由于案例为大家提供了同样的情境和信息，从同一起点出发，人们会提出不同见解，它不存在什么标准答案。为了解决问题，有时会有多种解决方案，有时可以从多种方案的比较鉴别中寻找出最为合适的答案(即最佳化)。

案例教学的特点可以概括为三句话：不重对错，重在分析与决策能力；不重经验，重在知识框架的应用；不重传授，重在教师与学生之间的互动。在案例教学中，教师不是咨询师，不要告诉学生怎么做，而是训练学生分析问题的思路和解决问题的能力，培养学生理论联系实际的能力。

对于教学来说，案例可以使抽象的理论变得生动直观，所以案例教学法适合于解决课堂教学中较为抽象，不容易用语言表达清楚，但实际操作中又比较直观的知识点。案例教学的应用是学生在学习中有明确的工作任务，有确定的工作时间，这些都有效地促进学生通过对案例的全面分析，确定并共同完成工作项目。

3. 案例教学法的实施过程

案例教学法是行动导向教学法的典型类型，是师生以团队的形式共同实施一个完整的项目工作而进行的教学活动，也是学生通过自己的实践行动来培养和提高中等职业能力的过程。案例教学通常要经历以下六个教学环节。案例教学法操作流程如图 10-1 所示。

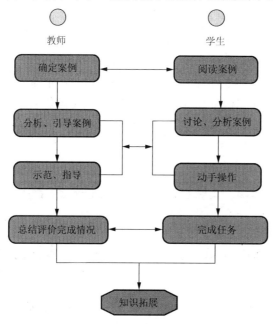

图 10-1　案例教学法操作流程

（1）联系实际、确定案例。教师所选择的合适案例是保证案例教学顺利完成的首要条件，案例是教学的主线，要贯穿一堂课的始终，能起到组织教学各环节的作用，它是学生获得认知的载体。所以教师在教学前，要依据教学内容、有针对性地精心选择教学所需案例，教学案例的选择要适度、适用。所选的案例既要与教学目标相吻合，又要是教师自己能把握的案例，学生易于接受和认同的案例。

（2）阅读案例、个人分析。主要是学生自己审读案例文本，根据所学专业知识与专业实践，把握案例事实，识别案例情境中的关键（案例）问题，个人对案例进行分析，初步拟定解决该问题的方案。

（3）小组讨论、形成共识。组织案例讨论旨在分析问题，提出解决问题的途径和措施。对于同一个案例，有的学生只能找到浅层的信息，有的学生则能得出透彻的结论，在小组同学面前呈现个人对案例问题的分析结果，提出解决的方案和依据，听取同伴意见，对案例问题和解决方案展开讨论，以求达成共识。在讨论的过程中，教师应有以平等的身份参与进来，组织和启发学生讨论，开拓他们的思路，根据学生问题的难易程度，采用不同的策略进行点评，分析案例的关键是学生和教师共同努力。为此，教师要做好启发引导工作，努力创造良好的、自由讨论的气氛和环境，把握和指导好案例讨论，让学生成为案例讨论的主角。

（4）全班交流、确定方案。该环节把各个小组讨论的结果呈现在全体学生面前，在教师的引导下，通过在班级中进行交流，相互检验和修正对案例问题的分析，进一步完善解决方案，确定最佳解决方案。

(5)实施方案、边学边做，强化技能。在这个环节中，学生依据确定的方案，以小组的形式进行，学生在实际动手中，锻炼自己的动手能力，提高专业技能，同时在动手维修中不但要用到以前所学的专业知识，而且要对本案例中所涉及的专业知识转换为一个学习的过程，工作任务的完成又需要全体小组成员群策群力，分工合作来完成，对学生的协作能力也是一次锻炼。该环节是形成教学结果的重要环节，是个人分析和集体讨论都无法体验和收获的。

(6)总结归纳，检验评价。在这个过程中，一般是先由教师对课堂教学的全过程进行归纳、评估。此过程教师总结可以引而不发，留给学生进一步思考的余地，关键的是把握好总结的分寸，通过总结，帮助学生形成对该案例的系统认识，使学生对工作成果、方式方法、协作完成的工作过程做到心中有数，使学生对个人、小组有一个正确的评判能力，找到自己与他人的长处和短处。

10.2　案例教学法教学案例一

项目名称：CA6136普通车床挂轮箱中胶木轮的更换与调试

1. 案例应用的背景

CA6136普通车床在使用中，最常见的故障之一是车床挂轮箱中胶木轮损坏，胶木轮的损坏会致使运动无法传输到主轴，影响车床正常使用。

向学生介绍本次学习的目的和必要性，向学生介绍挂轮箱的相关概念以及运动传动的路线，让学生明白挂轮在车床中的重要性。

2. 案例实施的目的

(1)掌握案例教学法在本专业具体任务中实施所应用的方法。

(2)掌握挂轮箱中胶木轮损坏后，更换该轮需要做的准备工作。

(3)掌握更换胶木轮的方法、步骤以及更换后齿轮间隙的调整。

3. 案例教学法具体实施的任务

某机械厂有两台正在使用的CA6136普通车床，润滑不良、操作不当致使挂轮箱中的胶木轮打齿损坏，现要求你根据所学专业知识，换好新的胶木轮，使机床能够正常运转，以满足生产需要。

思考题：挂轮箱中的胶木轮损坏后为什么要更换？要求学生查阅资料，找到挂轮箱中的胶木轮在车床传动中的作用。

4. 所需设备与工具

CA6136普通车床5台，通用工具5套。

5. 项目实施的内容

1)项目组的产生

(1)由教师根据学生学习情况和男、女生比例，分成5组，每组大致6人。这5个小组，就是实施案例教学的5个任务组。

(2)每个小组推选一名组长，该组长负责协同教师维持好纪律，安排本组成员的任务分工，维持本组成员个案研究后的组内讨论工作，系统总结本组意见与解决方案，负责汇报本组情况，提交全班交流。

全体学生分为 5 个组，在确定方案的基础上，在 5 台不同的机器上共同实施同样一个项目，小组成员之间是合作与监督的关系，这样便于统一管理与评价。这种分组可以培养学生互帮互助的协作精神以及提高人际交往能力。

2)案例教学法实施中方案的确定

(1)5 个任务小组组长分别组织本组成员讨论，分析案例要求，初步确定本小组的解决方案。

(2)小组长整理解决方案，制定出更换顺序。

(3)小组长陈述自己小组的解决方案与依据，全班讨论。

(4)在教师指导下，大家推出最佳方案。

(5)各小组的方案在教师的同意后开始实施。

这个环节教师作为教学的主导，主要任务是引导学生思想方向，激发学生思维，调动学生积极性，及时鼓励学生大胆设想。

3)任务分工与实施

(1)教师向学生布置实施的时间与注意事项，统一思想。

(2)各小组长向自己小组成员讲清实施方案与步骤，统一思想。

(3)在小组成员全部清楚实施任务的基础上进行分工。

① 案例实施小组负责人(小组长)。

② 项目实施方案完成人。

③ 拆卸挂轮箱完成人。

④ 拆卸胶木轮完成人。

⑤ 安装胶木轮完成人。

⑥ 试车完成人。

⑦ 任务完成汇报完成人。

案例实施过程中，学生之间既有分工又有合作，最后不是体现个人的表现，而是体现集体(小组)的成绩。所以小组成员之间有一个明确的思想和方案实施的明了思路，所有任务都是共同努力来完成的。每一个人都必须完成自己分工的任务，并且能够对所完成的任务做解释说明。

4)案例教学法实施的步骤

阅读案例、个人分析→讨论案例要求，本组成员统一认识，形成解决该方案的基本意见→汇报各个小组的解决方案，全班讨论，在教师的正确引导与指导下，共同找出解决更换胶木轮的最佳方案(拆下损坏的胶木轮→调整齿轮安装位置，安好新的胶木轮→调整间隙，使其正常运转)→小组成员按照不同分组，实施该方案→总结评价。

第一步：规划并制定实施方案，统一解决方案的实施步骤。

第二步：为实施方案做好准备。

(1)教师提醒学生注意安全。

(2)检查准备好的 5 台设备情况，检查各小组所使用的工具情况。

第三步：按照实施步骤，实施方案。按照讨论通过的方案，具体由各小组实施。

(1)拆下胶木轮，这个阶段注意一定不要损坏与胶木轮相啮合的各个齿轮，不要用力敲击以免损坏机床。

(2)更换钢套，小心地把钢套从旧的胶木轮上卸下，装入新胶木轮上，注意掌握力度。

(3)装上新的胶木轮。

(4)调整齿轮间隙，这一步尤为关键。因为如果间隙太小，胶木轮齿根处磨损加快，导致胶木轮损坏加剧；如果间隙过大，在啮合过程中导致胶木轮齿顶工作，一旦有振动容易打齿，所以安装好后要保证间隙大小适中。

这个阶段，教师要适时进行监督与指导，在必要的时候，必须做好示范，以确保学生学有所成。

5) 案例实施过程中出现的问题及其解决办法

分析在整个案例实施过程中出现的问题，及时作好记录，并向其他同学说明，如何解决这些问题，这样做的依据是什么。

这个过程实际上是对整个案例实施过程的反思，它可以帮助学生理顺整个操作过程的思路，找到有效解决这些问题的切入点，使学生能够发现问题、解决问题，这是对知识的一种提炼，对其他没有碰到这些问题的同学也是一种警示。这个环节是对学生认真细致的工作作风的培养，也是对学生敢于担当的精神的培养。

6) 案例完成总结阶段

及时总结该实施完毕后个人得到哪些收获，得到哪些知识技能方面的提高，工作中受到哪些启发。当然还可以及时总结不足与以后工作中要在哪些方面努力，从而得到提高。

总结完毕，各小组形成一份材料，及时与全班同学交流，取人之长补己之短，根据情况，每一个小组再做一份实训报告，整理成文字的形式存档，形成一个完善的案例教学法的材料。案例进行完毕，每一位学生一定都会有不同程度的认识和提高，总结阶段可以锻炼学生的总结能力和综合能力。

7) 案例完成总结并验收评价

根据各个小组的完成情况，教师及时对小组成员作出肯定，指出完成过程中的优点，激励学生更好地完成。学生全部完成，教师要对各个小组完成情况进行比对，并且对他们逐一作出评价，并对完成优秀的小组作出激励性表扬评价。

教师的及时表扬，是学生前进的不竭动力。这个阶段，可以在教师的提问下，学生小组长作总结，教师及时补充。这又是一个相互交流的阶段，而且在教师有效的引导下，会达到交流高潮。教师的评价可以增强学生的信心，通过提问，可以锻炼学生的口头表达能力、综合知识能力以及概括总结能力等。

分三个层次进行评定，即教师、组内、组间，每个层面的评定内容有所不同。其评价方法如表 10-1 所示。制定评价内容及标准，建立能力的评定等级，项目成绩评定等，如表 10-2～表 10-6 所示。

表 10-1　评价方法

关键环节	教师扮演的角色	学生扮演的角色
自评	协助学生展示自己的学习效果，引导学生从多个角度加以评价	学生上台总结，表达
互评	教师对完成的项目进行总结与回顾，对完成较好组员的表现进行当堂认可，然后就主要问题进行集中解决。评定从两方面入手，即结果性评价和过程性评价	展示，欣赏，分享，相互评价

续表

关键环节	教师扮演的角色	学生扮演的角色
教师评价	评价内容：过程性评价主要是考察学生的组员的学习能力、协作能力、工作态度；结果性评价主要是考察学生是否达到了学习目标，如工具使用正确、布线合理、检测方法正确、操作顺序得当、达到预期效果。就训练中出现的主要问题进行分析，并提出解决方法	认真听取教师点评，并反思不足
提出新问题	诱导，拓展知识面	产生新的学习需求

本课程贯彻综合化考核原则，理论知识与实践技能考核相结合，单一能力与综合能力考核相结合，个别与群体考核相结合，全面考核学生的知识、能力和综合素质。以过程考核为主，考核涵盖项目全过程，主要从项目操作实施来进行考核。

由于实施了案例教学法，为实施过程考核提供了条件。本课程采用过程考评(项目考评)与期末考评(卷面考评)相结合的方法，强调过程考评的重要性。过程考评占 70 分，期末考评占 30 分，取代了依靠一次期末考试来确定成绩的方式。

表 10-2　考核评价要求

考评方式	过程考评(项目考评)70%			期末考评(卷面考评)30%
	素质考评	工单考评	实操考评	
考评实施	由指导教师根据学生表现集中考评	由主讲教师根据学生完成的工单情况考评	由实训指导教师对学生进行项目操作考评	按照教考分离原则，由学校教务处组织考评
考评要求	严格遵循生产纪律和 5S 操作规范，主动协助小组其他成员共同完成工作任务，任务完成后清理场地等	认真撰写和完成任务工单，准确完整、字迹工整	积极回答问题、掌握工作规范和技巧，任务方案正确、工具使用正确、操作过程正确、任务完成良好	建议题型：单项选择题、多项选择题、判断题、问答题、论述题

注：造成设备损坏或人身伤害的本项目计 0 分。

每个学习项目的过程考核都有详细标准，下面是一个学习项目的考核标准。

表 10-3　考核方式与标准

项目编号	考核点及占项目分值比	建议考核方式	评价标准			备注
			优	良	及格	
项目(**)	1. 查找 CA6136 型床使用说明书等相关资料(10%)	教师评价+互评	能快速、准确查找 CA6136 型车床使用说明书等相关资料	能准确查找 CA6136 型车床使用说明书等相关资料	能查找 CA6136 型车床使用说明书等相关资料	
	2. 详细工作步骤与方案计划(20%)	教师评价+互评	列出详细工具、量具、备件清单，详细维修流程、工艺要求与测试步骤，工作计划周密、合理	列出详细工具、量具、备件清单，详细维修流程和测试步骤，工作计划合理	列出详细工具、量具、备件清单，详细维修流程与测试步骤，工作计划基本合理	
	3. 操作实施(30%)	教师评价+自评	拆装顺序正确，操作规范熟练，正确使用工具、量具	拆装顺序正确，操作规范，正确使用工具、量具	拆装顺序基本正确，操作基本规范，使用工具、量具基本正确	
	4. 工作单(15%)	教师评价	填写规范、内容完整，有详细过程记录和分析，并能提出一些新的建议	填写规范、内容完整，有详细过程记录和分析	填写规范、内容完整，有较详细过程记录	
	5. 项目公共考核点(25%)		见表 10-4			

表 10-4　项目公共考核评价标准

项目公共考核点	建议考核方式	评价标准		
		优	良	及格
职业道德安全生产(30%)	教师评价+自评+互评	具有良好的职业操守：敬业、守时、认真、负责、吃苦、踏实。安全、文明工作；正确准备个人劳动保护用品；正确采用安全措施保护自己，保证工作安全	安全、文明工作，职业操守较好	没出现违纪违规现象
学习态度(20%)	教师评价	学习积极性高，虚心好学	学习积极性较高	没有厌学现象
团队协作精神(15%)	互评	具有良好的团队合作精神，热心帮助小组其他成员	具有良好的团队合作精神，能帮助小组其他成员	能配合小组完成任务
创新精神和能力(15%)	互评+教师评价	能创造性地学习和运用所学知识，在教师的指导下，能主动地、独立地学习，并取得创造性学习成就；能用专业语言正确流利地展示项目成果	在教师的指导下，能主动地、独立地学习，有创新精神；能用专业语言正确、较为流利地阐述项目	在教师的指导下，能主动地、独立地学习；能用专业语言基本正确地阐述项目
组织实施能力(20%)	互评+教师评价	能根据工作任务，对资源进行合理配合，同时正确控制、激励和协调小组活动过程	能根据工作任务，对资源进行合理配合，同时较正确控制、激励和协调小组活动过程	能根据工作任务，对资源进行分配，同时控制、激励和协调小组活动过程，无重大失误

表 10-5　能力的评定等级

等级	评价标准
4	C. 能高质、高效地完成此项技能的全部内容，并能指导他人完成
	B. 能高质、高效地完成此项技能的全部内容，并能解决遇到的特殊问题
	A. 能高质、高效地完成此项技能的全部内容
3	能高质、高效地完成此项技能的全部内容，并不需任何指导
2	能高质、高效地完成此项技能的全部内容，并偶尔需要帮助和指导
1	能高质、高效地完成此项技能的部分内容，但在现场的指导下，能完成此项技能的全部内容

表 10-6　项目成绩评定

教师评语及改进意见	学生对课业成绩的反馈意见

注：合格表示全部项目都能达到 3 级水平；良好表示 60%项目能达到 4 级水平；优秀表示 80%项目能达到 4 级水平。

8)知识拓展

为了真正使每一位学生都有不同的提高，完成该案例后，要求每位学生都要对本次案例完成的情况以及自己本班同学完成的情况进行了解，对这次案例实施书写心得。

10.3　案例教学法教学案例二

案例名称：C620 车床床头箱的拆卸与检验

1．项目实施背景材料

床头箱是用来使主轴按所需要的转速来运转的部件，由箱体、齿轮、摩擦离合器、各传动轴、主轴、变速操纵机构、制动器和润滑机构组成。

为了使学生真正掌握 C620 等设备的安装、调试和维修知识，掌握一技之长，在学生知识储备达到一定水平的前提下，有必要对学生进行综合的知识与技能的训练。床头箱的拆卸与检验综合了专业知识与专业技能、量具正确使用以及各类工具的使用，虽然应用知识较多，相对难度较大，但是对于机械设备安装与维修专业的学生来说，这个案例的实施是非常必要的。

这个案例要求学生必须对床头箱的结构非常清楚，在拆卸和检验时还要会正确使用各种工具、量具。

教师首先向学生交代实施本次任务相关的定义与涉及的概念，要向学生说明本次任务在实际工作中的重要性和必要性。

2．案例实施的目的

(1) 掌握案例教学法在具体的实施中的应用方法。

(2) 掌握拆卸床头箱前需要做的准备工作。

(3) 掌握检查床头箱的工作情况的步骤、方法。

(4) 掌握床头箱的拆卸方法、步骤。

(5) 掌握床头箱的清洗方法、步骤。

(6) 掌握主要零件的检验方法。

这个案例是工厂中维修工的实际工作，把这个典型的案例拿到教学中并应用案例教学法来教学，让学生在自己动手的同时不断进行思考，这可以及时对学生进行指导和引导，体现了案例教学的鲜明特点。教师在教学中不但要指导学生怎样做，而且要引导学生了解为什么这样做。

3．案例实施的任务

某机械制造厂有一批 C620 普通车床，因使用年限较长，存在很多问题。现由学生按照各项标准和安全生产的要求，用 20 课时 (15 小时) 的时间，对 C620 车床床头箱拆卸后检验其性能。

思考题：如果你是要对 C620 车床床头箱的拆卸后检验的学生，你会怎样操作？（要求有两个：一是学生查阅资料把床头箱的结构弄清楚，理清各轴之间的相互关系，以弄清楚传动路线。二是与同学讨论，弄清在拆卸和检验时如何正确使用工具、量具。）

4．所需设备、工具、量具

设备：C620 车床 7 台以及机床使用说明书。

工具：10 寸活扳手，弓形扳手、内六方扳手、18 寸活扳手、M16 圆头螺栓、内外挡圈钳、手锤、螺丝刀、销子冲、1.5m 长撬杠、拔销器、拉力器、三角刮刀、大小铝棒和垫铁等。

量具：百分表、50～60mm 内径千分表、150～170mm 千分尺、V 形铁、可调 V 形铁、7：22 主轴锥孔检验棒、方箱、Φ6mm 钢珠、铜皮、红丹粉、磁力表架、清洗用的煤油。

5. 项目实施的内容

1) 项目组的产生

(1) 由教师根据学生学习情况和男、女生比例，分成 7 组，每组大致 5 人。这 7 个小组，就是实施案例教学的 7 个任务组。

(2) 每个小组推选一名组长，该组长负责协同教师维持好纪律，安排本组成员的任务分工，维持本组成员个案研究后的组内讨论工作，系统总结本组意见与解决方案，负责汇报本组情况，提交全班交流。

全体学生分为 7 个任务行动小组，每组学生数较少。这样分组的目的是让所有学生都能参与学习与动手操作，让学生为了实际解决问题而不断去探索与实践，寻求解决方法，突出以导促学，以学为主，以教辅学，发挥学生学习的自主性，培养学生的团队合作精神以及竞争意识。

2) 案例教学法实施中方案的确定

(1) 7 个任务行动小组组长分别组织本组成员讨论，分案例要求，初步确定案例实施的整体方案。

(2) 任务行动小组长整理实施方案，制定出整体实施方案。

(3) 任务行动小组长陈述实施方案与依据，全班讨论。

(4) 在教师指导下，大家推出最佳方案，画出流程图。

(5) 各小组把实施方案汇报实训指导教师，在征得教师的同意后开始实施。

这个环节指导教师一定要耐心而又细致，鉴于本次任务相对较为麻烦，一定多听取学生的汇报，仔细琢磨，同时一定要激发学生的兴趣，鼓励学生创新，引导学生拓宽思路。

3) 任务分工与实施

(1) 各小组长向自己小组成员讲清实施方案与任务实施流程图，统一任务实施的思想。

(2) 在小组成员全部清楚实施任务的基础上进行分工。

① 案例实施小组负责人(小组长)。

② 任务实施流程图主要完成人。

③ 床头箱各轴的作用以及运动传递主要完成人。

④ 检验床头箱的工作情况主要完成人。

⑤ 床头箱的拆卸主要完成人。

⑥ 床头箱中所拆下各零件的清洗主要完成人。

⑦ 床头箱的清洗主要完成人。

⑧ 主要零件的检验主要完成人。

⑨ 任务完成汇报主要完成人。

任务实施过程中，所有人应该统一思想，有分工、有合作，在相互帮助的基础上实施方案，在明确指导思想的前提下，各分任务的主要完成人都要在组员的协助下认真细致地完成任务，完成后要向大家讲解完成思路和采用的方法。

4) 案例教学法实施的步骤

阅读案例、个人分析→讨论案例要求→制定实施该方案的方法和步骤→画出实施案例的流程图→准备学习床头箱各轴的作用以及运动传递→检验床头箱的工作情况→床头箱的拆卸→

床头箱所拆下各零件的清洗→床头箱的清洗→主要零件的检验→各组进行总结→写出实训报告→教师总结评价→知识拓展。

第一步：规划并制定实施方案及步骤，画出流程图。

第二步：拆卸前的准备。

(1)再次阅读机床使用说明书。

(2)相互讨论学习床头箱各轴的作用以及运动传递。

C620-1 型车床床头箱的主要传动轴有 7 根，床头箱运动是由电动机经皮带、带轮到输入轴轴 1 输入的，轴 1 左端花键轴上装有皮带轮，中间部分装有双向片式摩擦离合器，右端装有操纵摩擦离合器的摆杆和滑环，还装有一个偏心轮，通过弓子及杠杆带动活塞油泵，装在轴 1 上的零件较多，均由左端的螺母拧紧，轴 1 上法兰盘与箱体配合的直径大于轴 1 上任何一个零件的直径，拆卸时可以整体从床头箱上取出。轴 1 上摩擦离合器的作用是接通主轴上正转、反转运动。轴 2 上装有三个固定齿轮和一个滑移齿轮，都用花键连接，轴两端装有圆锥滚子轴承。轴 3、轴 5 以及轴 4 的装配关系也大致相同。轴 6 是主轴，是车床的主要零件之一，主轴的前支承，采用 D 级精度的双列向心圆柱滚子轴承，轴承内圆由 1∶10 锥度的锥孔与前周颈锥面配合，后支承采用圆锥滚子轴承和推力轴承各一个，主轴的径向跳动应不大于 0.015mm，轴向窜动应不大于 0.015mm，主轴的中间支承是两个推力球轴承，轴 4 上装有钢带式制动器，起制动作用。主轴上的滑移齿轮，都是手柄带动拨叉运动的，主轴的前轴承和摩擦离合器是由油泵输送润滑油进行润滑的。

(3)检查准备好的 7 台设备情况。

(4)检查各小组所使用的工具、量具情况。

各种扳手、内外挡圈钳、销子冲、拔销器、拉力器、三角刮刀、垫铁、百分表、内径千分表、千分尺、V 形铁、煤油等是否到位，摆放整齐。

第三步：检查床头箱的工作情况。

(1)检查噪声、振动和各轴承的温度。

检查主轴箱超标的方法一般根据经验来判断。首先开动车床，对车床进行初步检查。一般来说机床的磨损都是通过机床的噪声、振动和温度表现出来的。长期使用的零件磨损产生的噪声较均匀，振动频率较高，振幅较小，因为没有分贝仪，所以检查中借助螺丝刀接触主轴箱某一部位，测定噪声产生的地方，用手按摸主轴箱轴承部位，测定出振动和发热的部位。

注意整个过程要全神贯注，细心细致。

(2)检查离合器操纵机构和主轴操纵变速机构。

① 检查离合器操纵机构的工作状况，正、反、停三个位置应明显可靠，如果空行超过 1/8 就必须修理。

② 检查主轴操纵变速机构指示数值是否正确，定位是否可靠。

(3)检查主轴回转精度。

这个过程的操作应注意，其顺序是：首先修正主轴锥孔的高点和毛刺，使锥孔着色合格；检验棒端面的中心孔中装入钢珠，检验棒远端径向跳动合格；检查主轴的轴向窜动；检查轴肩支承的跳动；检查定心轴颈的径向跳动；最后检查主轴间隙。

主轴回转精度按 GB/T 20957—2007 标准的要求检验，为了测量准确，检查前，一般先将主轴用布擦净，在锥孔量棒上涂上红丹粉，将量棒插入锥孔检查量棒的着色情况，根据着色情况用三角刮刀修正锥孔的高点和毛刺，使锥孔着色合格，然后才能正式检查。

着色合格后，在主轴锥孔插入检验棒，在检验棒端面的中心孔中装一个Φ6mm 的钢珠，转动主轴，检验检验棒远端径向跳动小于等于 0.02mm，合格后再检验主轴回转精度。

检查主轴的轴向窜动。将百分表架固定在拖板上，百分表测头触及检验棒端部的钢球，旋转主轴，百分表的最大值与最小值之间的差值就是主轴的轴向窜动误差。

检查轴肩支承的跳动。在检查轴肩支承的跳动时，将百分表的表架固定在拖板上，将百分表测头触及主轴轴肩支承面上，旋转主轴，百分表上的最大值与最小值之间的差值就是主轴的轴肩支承的跳动误差。

检查定心轴颈的径向跳动。将百分表的表架仍然固定在拖板上，百分表测头触及主轴轴径，旋转主轴，检查主轴定心轴颈的径向跳动。百分表上的最大值与最小值之间的差值就是主轴的径向跳动的误差。

最后检查主轴间隙。将百分表的表架固定在箱体上，是百分表测头触及轴颈处，用杠杆以 20～30kg 的力撬动主轴，百分表上显示的数值就是主轴的间隙。

第四步：床头箱的拆卸。

拆卸床头箱前，应先将床头箱中的机油放完，以便于进行拆卸工作。拆卸时按照先外后内，先上后下的顺序进行操作。要先拆成组件，再分解成零件，先松开皮带轮的固定螺母，拆下皮带轮，拆下床头箱盖。按以下顺序拆卸床头箱。

(1)拆润滑机构和变速操纵机构。松开各油管的螺母，拆下过滤器，拆下单向油泵，拆下变速操纵机构。

注意：变速拨叉是用灰铸铁制成的，拆时要小心，防止拨叉损坏和断裂。

(2)拆轴 1。拆轴 1 时，先将正车摩擦片放松，减少压环和原包件的摩擦，松开箱体上固定轴承座的三个固定螺钉，装上顶丝，用扳手上紧顶丝，将轴 1 的轴承座与轴 1 一起拿出来。

(3)拆轴 2。轴 2 的轴承采用圆锥滚子轴承，用压盖固定在箱体上，先拆下压盖，后拆下轴上卡簧，轴 2 的断面有拆卸螺纹孔，因此，采用拔销器进行拆卸。先把 M10 的螺栓装入拆卸孔中，安装时应注意螺纹的旋入深度，不能少于标准螺帽的厚度，以避免螺钉的螺纹被拉脱滑扣，在螺钉上的一头装入拔销器，拔销器的轴线与被拉轴的轴线不能有夹角，以免拉坏螺钉和轴，使轴 2 顺利地被拉出来。轴 2 拉出后，再将轴上的齿轮和其他零件从箱体中拿出来，和轴 2 放在一起。

(4)拆轴 4 的拨叉轴。拆轴 4 的拨叉轴时，先松开拨叉固定螺母，用拔销器拔出定位销子，松开轴上的固定螺钉，垫上铝棒敲击拨叉轴，使轴从箱体的前端退出，拆出拨叉轴，将拨叉以及各零件拿出来。

(5)拆轴 4。拆轴 4 时，先松开制动钢带，然后松开轴 4 在箱体前端压盖上的三个固定螺钉，卸下调整螺母，用拔销器拔出前压盖，用同样的方法拆下箱体后端的压盖，拆轴 4 左端的拨叉机构，拆下拨叉上的紧固螺母，取出螺孔中的弹簧和定位钢珠，垫上铝棒，用机械法将拨叉轴、拨叉以及轴承卸下来，将卸下来的零件套在一起放好。轴 4 两端采用的是圆锥滚子轴承，拆卸轴 4 时也可采用机械的方法拆卸，先用卡簧钳将轴上的卡簧拆开，以免卡簧卡住损坏零件。采用机械的方法拆卸齿轮轴时，应保护好轴端和轴孔，最好用铝棒作为打具，冲击力不能过大，冲击方向不能倾斜，从箱体后端一边抽动轴 4，一边将轴 4 上的零件退出来，并与轴 4 一起放在油槽中。

(6)拆卸轴 3。拆卸轴 3 时，由于在拆卸轴 2 时，轴 3 的压盖已经拆下来了，所以可以直接用拔销器将轴 3 拔出来。

(7)拆卸主轴(轴 6)。主轴是车床的主要零件之一。主轴的前支承,采用 D 级精度的双列向心圆柱滚子轴承,和两个 D 级精度的推力球轴承,用法兰盘固定在箱体上,后支承采用圆锥滚子轴承和推力轴承各一个,中部两个推力球轴承,配合较松,外环用两个单圈固定。

拆卸主轴时,先拆下后盖,然后松开顶丝,拆下后螺母,再拆下前法兰盘。拆卸主轴可以采用机械法,也可采用拉力器将主轴拉下来。采用拉力器拆卸时,先将拉力器的拉杆穿入主轴孔,在主轴的前端装好,然后转动拉力器的螺母,将主轴向前移动一段距离,由于这时各卡簧卡在轴面,影响主轴移动,因此在主轴向前移动一点距离后,用卡簧钳将卡簧从各个卡簧槽中取出,向后撬动一段距离使主轴逐渐向前移动,当前轴承拉出轴承孔时,就可以用拉力器拆除留下的拉杆,用手一边抽动主轴一边将轴上的卡簧向后撬动,当主轴向前移动时,主轴上零件逐渐推到拉力器拉杆上,中间轴承配合较松,也随着零件一起退出来,抽出主轴竖直放好,将各零件从箱体中拿出来,放入准备好的油槽中。

(8)拆卸轴 5。拆卸轴 5 时,先拆掉轴 5 前端盖,再取出油盖,由于此时轴 3 已经拆卸,可以从轴 3 的轴承孔塞入铝棒,用机械法将轴 5 从前端拆出。如不用铝棒用铁棒,一定要用垫铁保护好轴端面,辅助人员应从前端扶住轴端以及轴上齿轮,同时注意不能损伤轴 3 和轴 5 的轴承孔,将拆下的轴 5 与零件放在一起,放入准备好的油槽中。

(9)拆卸正常螺距机构。拆卸正常螺距机构,先用销子冲把外手柄上的销子冲出来,然后再取出箱体中的拨叉。

(10)拆卸增大螺距机构。拆卸增大螺距机构时,先用销子冲把外手柄上的销子冲出来,然后拆下手柄,再用铝棒由箱体对面将顶轴机械出来,抽出轴和拨叉,并将拨叉套在轴上放好。

(11)拆卸主轴变速机构。先将变速手柄上的销子冲掉,用螺丝刀松开顶丝,拆下手柄,卸下变速盘上的螺丝,拆下变速盘,用螺丝刀拆掉螺丝取出压板,然后窜动手柄轴,卸下顶端齿轮,拆下轴后,再将齿轮套在轴上放好。

(12)拆卸轴 7。

由于轴 7 外边安装有挂轮箱,所以拆轴 7 前先将挂轮箱拆下来,拆下挂轮箱中的各个齿轮,然后用内六方扳手卸下固定在箱体上的固定螺钉,小心地将挂轮箱拆下来。

拆轴 7 时,先拧松箱体下的固定螺钉,然后用机械的方法由箱体前端冲击轴端进行拆卸,机械拆卸时,要用铝棒做打具,冲击时用力不要过大,同时注意不要冲击到轴承上,以免损坏轴承,抽出轴 7 并将齿轮、轴承放在一起。

(13)拆卸轴承外环。

拆卸轴承外环,不可在一头硬拉以免损伤轴孔。

拆主轴后轴承时,先拧下主轴后法兰盘的螺丝,取下法兰盘和后轴承。拆卸时,先将一个 M16 的螺栓装在拔销器上,然后插入轴孔,用螺栓头钩住轴承外环的露出部分,沿轴承外环各方向机械将轴承外环拉出,注意敲击力要均匀,一次用力不要太大,一定要小心,不能碰伤轴孔。

拆卸轴 5 轴承外环时,将拉力器从轴孔中穿进去,均匀敲击轴承外环,将轴 5 的轴承外环以及隔环一起拉出来。

轴 2 里边轴承外环较小,离箱体端面远,应换成长一点的拔销器,同时辅助人员应该用手扶住拔销器一端,不断变换拉出的位置,使轴承外环均匀地向外移,才能不损伤轴孔。以同样的方法,拆出轴 3 的外环。

拆出各轴后，应该将各零件以组合的形式摆放好，以防丢失。到此，主轴箱内各零件就拆卸完成了。

(14) 分解轴 1。

轴 1 上的零件较多，结构也较复杂。分解时将轴 1 竖起放在一个硬木上，提起轴 1，利用惯性先将尾座拆卸下来，用销子冲冲下元宝键上的销子，拿下元宝键。再将轴 1 放在一个硬木上，利用惯性拆下另一端轴承，退出反车离合器、齿轮套、摩擦片、花键轴套、齿轮套、锁片、正车摩擦片，拆卸时，要将各零件分组摆放整齐，松开正反车调整螺母，用冲子冲出销子，取出拉杆。竖起轴 1，用铝棒敲击滑套，将滑套和调整螺母从轴上拆下来。

轴 1 分解完后，再将主轴箱内各零件拆卸下来，拆卸变速拨叉和拨叉轴，拆刹车带，拆扇形齿轮、松开箱体后的定位螺钉，拆下轴前端的定位套和轴套，拆下离合器拨叉轴、拆下正翻车变向齿轮，主轴箱的拆卸工作全部完成。

第五步：床头箱的清洗。

用煤油对拆下的各个轴以及零件进行清洗，为了保证清洗干净，分两步进行，先粗洗，清洗时，按各轴组单独进行清洗，不能将所有轴的零件放在一起，以免各零件混在一起给以后的装配带来困难，将各零件上的油污用毛刷和机床布彻底清洗。全部零件清洗完后再换煤油进行清洗，最后将主轴箱体由上到下、由里到外彻底清洗。

第六步：主要零件的检验。

(1) 主轴轴承和轴颈接触精度的检验。在轴颈处竖着涂上几道红丹粉，然后套上轴承对严，去掉轴承后观察接触情况，接触精度应达到 50% 以上。

(2) 检验主轴精度。将主轴放在可调 V 形铁和固定 V 形铁上，调整可调 V 形铁，使主轴中心线和平台平行，然后用百分表检验。检验两个轴段的径向跳动，允许误差 0.005mm，检验同轴度，允许误差 0.01mm。检验轴向跳动，允许误差 0.01mm。

(3) 检验主轴箱的主轴孔。用内径千分表检验前、后主轴孔的圆度允许误差均为 0.012mm。前、后主轴孔的圆柱度允许误差 0.010mm。

5) 案例实施过程中出现的问题及解决办法

分析在整个的案例实施过程中出现的问题，特别是在主轴箱拆卸过程中遇到的问题，及时作好记录，分析出现这些问题的原因，解决这些问题的措施以及解决依据。

这是案例教学法中重要环节之一，学生在拆卸、清洗主轴箱部件的同时，要勤于思考、善于总结。不但要解决案例实施过程中存在的问题，也要培养耐心细致的工作作风，体现出个人良好的职业修养。

6) 案例完成总结阶段

及时总结在案例实施过程中有哪些收获和哪些困惑，受到了哪些启发。当然还可以通过总结提出不足及疑问。

总结完毕，各小组形成一份材料，及时与全班同学交流。总结结束，每一个小组再做一份实训报告，整理成文字形式的存档，形成一个完善的案例教学法材料。

锻炼学生与别人交流的能力和组织文字的能力，提高学生综合职业能力。

7) 案例完成总结并验收评价

根据各个小组的完成情况，教师及时对小组成员作出肯定，指出完成过程中的优点，激励学生更好地完成。学生全部完成，教师要对各个小组完成情况进行比对，并且对他们逐一作出评价。

这是组与组之间、教师与学生之间互相交流的机会，这个环节也是重要环节之一，在生生、师生的交流中，学生更加明了自己所学的内容，同时教师适当的激励点评可以增强学生的成就感，为下一次学习打下基础。

分三个层次进行评定，即教师、组内、组间，每个层面的评定内容有所不同。其评价方法如表 10-7 所示。制定评价内容及标准，建立能力的评定等级、项目成绩评定等，如表 10-8～表 10-12 所示。

表 10-7 评价方法

关键环节	教师扮演的角色	学生扮演的角色
自评	协助学生展示自己的学习效果，引导学生从多个角度加以评价	学生上台总结，表达
互评	教师对完成的项目进行总结与回顾，对完成较好组员的表现进行当堂认可，然后就主要问题进行集中解决。评定从两方面入手，即结果性评价和过程性评价	展示，欣赏，分享，相互评价
教师评价	评价内容：过程性评价主要考察学生组员的学习能力、协作能力、工作态度；结果性评价主要考察学生是否达到了学习目标，如工具使用正确、布线合理、检测方法正确、操作顺序得当、达到预期效果。针对训练中出现的主要问题进行分析，并提出解决方法	认真听取教师点评，并反思不足
提出新问题	诱导，拓展知识面	产生新的学习需求

本课程贯彻综合化考核原则，理论知识与实践技能考核相结合，单一能力与综合能力考核相结合，个别与群体考核相结合，全面考核学生的知识、能力和综合素质。以过程考核为主，考核涵盖项目全过程，主要从项目操作实施来进行考核。

由于实施了案例教学法，为实施过程考核提供了条件。本课程采用过程考评(项目考评)与期末考评(卷面考评)相结合的方法，强调过程考评的重要性。过程考评占 70 分，期末考评占 30 分，取代了依靠一次期末考试来确定成绩的方式。

表 10-8 考核评价要求

考评方式	过程考评(项目考评)70%			期末考评(卷面考评)30%
	素质考评	工单考评	实操考评	
考评实施	由指导教师根据学生表现集中考评	由主讲教师根据学生完成的工单情况考评	由实训指导教师对学生进行项目操作考评	按照教考分离原则，由学校教务处组织考评
考评要求	严格遵循生产纪律和 5S 操作规范，主动协助小组其他成员共同完成工作任务，任务完成后清理场地等	认真撰写和完成任务工单，准确完整、字迹工整	积极回答问题、掌握工作规范和技巧，任务方案正确、工具使用正确、操作过程正确、任务完成良好	建议题型：单项选择题、多项选择题、判断题、问答题、论述题

注：造成设备损坏或人身伤害的本项目计 0 分。

表 10-9 考核方式与标准

项目编号	考核点及占项目分值比	建议考核方式	评价标准			成绩比例(%)
			优	良	及格	
项目(**)	1. 查找 C620-1 型车床使用说明书等相关资料(10%)	教师评价+互评	能快速、准确查找 C620-1 型车床使用说明书等相关资料	能准确查找 C620-1 型车床使用说明书等相关资料	能查找 C620-1 型车床使用说明书等相关资料	10

续表

项目编号	考核点及占项目分值比	建议考核方式	评价标准			成绩比例(%)
			优	良	及格	
项目(**)	2. 详细工作步骤与方案(20%)	教师评价+互评	列出详细工具、量具、备件清单,详细维修流程、工艺要求与测试步骤,工作计划周密、合理	列出详细工具、量具、备件清单,详细维修流程与测试步骤,工作计划合理	列出详细工具、量具、备件清单,详细维修流程与测试步骤,工作计划基本合理	
	3. 操作实施(30%)	教师评价+自评	拆装顺序正确,操作规范熟练,零件检验全部合格,正确使用工具、量具	拆装顺序正确,操作规范,零件检验全部合格,正确使用工具、量具	拆装顺序基本正确,操作基本规范,零件检验部分合格,使用工具、量具基本正确	
	4. 工作单(15%)	教师评价	填写规范、内容完整,有详细过程记录和分析,并能提出一些新的建议	填写规范、内容完整,有详细过程记录和分析	填写规范、内容完整,有较详细过程记录	
	5. 项目公共考核点(25%)			见表 10-10		

表 10-10　项目公共考核评价标准

项目公共考核点	建议考核方式	评价标准		
		优	良	及格
职业道德安全生产(30%)	教师评价+自评+互评	具有良好的职业操守:敬业、守时、认真、负责、吃苦、踏实。安全、文明工作;正确准备个人劳动保护用品;正确采用安全措施保护自己,保证工作安全	安全、文明工作,职业操守较好	没出现违纪违规现象
学习态度(20%)	教师评价	学习积极性高,虚心好学	学习积极性较高	没有厌学现象
团队协作精神(15%)	互评	具有良好的团队合作精神,热心帮助小组其他成员	具有良好的团队合作精神,能帮助小组其他成员	能配合小组完成任务
创新精神和能力(15%)	互评+教师评价	能创造性地学习和运用所学知识,在教师的指导下,能主动地、独立地学习,并取得创造性学习成就;能用专业语言正确流利地展示项目成果	在教师的指导下,能主动地、独立地学习,有创新精神;能用专业语言正确、较为流利地阐述项目	在教师的指导下,能主动地、独立地学习;能用专业语言基本正确地阐述项目
组织实施能力(20%)	互评+教师评价	能根据工作任务,对资源进行合理配合,同时正确控制、激励和协调小组活动过程	能根据工作任务,对资源进行合理配合,同时较正确控制、激励和协调小组活动过程	能根据工作任务,对资源进行分配,同时控制、激励和协调小组活动过程,无重大失误

表 10-11　能力的评定等级

等级	评价标准
4	C. 能高质、高效地完成此项技能的全部内容,并能指导他人完成
	B. 能高质、高效地完成此项技能的全部内容,并能解决遇到的特殊问题
	A. 能高质、高效地完成此项技能的全部内容
3	能高质、高效地完成此项技能的全部内容,并不需任何指导
2	能高质、高效地完成此项技能的全部内容,并偶尔需要帮助和指导
1	能高质、高效地完成此项技能的部分内容,但在现场的指导下,能完成此项技能的全部内容

表 10-12　项目成绩评定

教师评语及改进意见	学生对课业成绩的反馈意见

注：合格表示全部项目都能达到 3 级水平；良好表示 60%项目能达到 4 级水平；优秀表示 80%项目能达到 4 级水平。

8) 知识拓展

为了真正使每一位学生都有不同的提高，完成该案例后，要求每位学生都要对本次案例完成的情况以及自己本班同学完成的情况做一了解，对这次案例实施书写心得。

思 考 题

1. 什么是案例教学法？
2. 案例教学法如何选择案例？
3. 简述案例教学法的实施流程。
4. 简述案例教学法的目标和应用领域。
5. 结合实际教学设计一个案例教学法案例。

第11章　引导文教学法

引导文教学法又称引导课文教学法，是借助预先准备的引导性文字，引导学生解决实际问题。引导文教学法在当今是一种普遍的教学方法，该方法是20世纪70年代起在一些大型工业公司中创造的。

11.1　引导文教学法应用分析

引导文教学法是一个面向实践操作、全面整体的教学方法，通过此方法学生可对一个复杂的工作流程进行策划和操作。

引导文教学法尤其适用于培养所谓的关键能力，让学生具备独立制定工作计划、实施和检查的能力。更广泛地说，引导文教学法也是对专业能力、方法能力和社会能力的培养。

教师提供一个书面的以提问形式体现的任务。学生完成此任务借助辅助材料。辅助材料中含有完成任务所需要的提示和必要的专业信息。引导问题和引导文为学生提供信息并对整个工作过程的执行提供帮助。

1. 引导文教学法的目标

通过引导文教学法的学习，学生能够承担学习和工作的责任，正确估算工作进度，独立获取信息，正确衡量自己的能力、技能、知识，然后制定自己的学习目标，制定周密的、有独创性的工作规划，独立按照计划完成工作，独立解决出现的问题，加强团队工作能力，检验自己的工作结果，并对成功和失败进行评估。

对复杂工作过程能够独立制定计划，实施和检验是今天对合格专业技术人员的要求。

引导文教学法向成长中的专业人员介绍他们未来所需具备的技能资格并向他们展示一个复杂工作过程中的各个步骤。

引导文教学法能够更大地激发学生的学习积极性并取得更好的学习效果。

2. 应用领域

在教学实践中，中等职业学生自我管理的学习能力普遍不高，推广以行动为导向的项目教学遇到了很多困难，如何更好地让学生能够独立地去学习，如何更好地建立起知识与能力之间的对应关系？在实际教学中，精心设计一些引导问题、材料等，在教学中引入引导文教学法。

引导文的任务是建立项目工作和它所需要的知识、技能之间的关系，让学生清楚完成任务应该通晓什么知识、具备哪些技能等。

引导文教学法是一种在理论上近乎理想化的、全面系统的能力培养方法。它属于行动引导教学模式中的项目教学法，它是对项目教学法的完善与发展。学生在引导文的帮助下，通过自我开发和研究式学习，掌握解决实际问题所需的知识技能，从书本抽象描述中构建自己的知识体系，获得解决新的、未知问题的能力，实现理论知识与实践学习的统一。

3. 引导文教学法的实施过程

引导文教学法帮助学生更深入了解某个学习阶段，并且理解在这个阶段教学过程和工作过程的规则。一般引导文由以下几个部分构成。①任务描述：即一个项目的工作任务书。②引导问题：学生通过问题的引导，找出独立应对任务的知识和方法。③学习目标描述。④学习质量监控单：避免了盲目性。⑤工作计划(内容和时间)。⑥工具与材料需求表。⑦专业信息。⑧辅导性说明等。

引导文教学法的教学过程遵循完整工作过程的七个阶段，如图 11-1 所示。

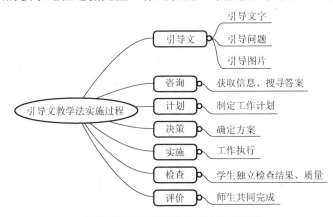

图 11-1　引导文教学法的实施过程

1)激发学习积极性

受训生或学生在课堂上通过教师的介绍来了解学习任务、操作过程和学习目标。切入主题具有启发性。教师可以借助头脑风暴把思想交流引向提出问题，进而唤起学生对工作和学习过程的兴趣。

2)咨询

学生独立获取制定计划和执行任务所需要的信息。引导问题制定搜寻和解决问题的进程。

3)计划

学生通过借助一份引导材料独立制定自己的工作计划。

4)决策

在与教师的专业对话中详细讨论经过处理的引导文和拟定的决策方案。在这一阶段教师将会检查学生是否已掌握必要的知识。

5)实施

学生根据工作计划以团体或分工的形式执行训练任务。

6)检查

学生独立检查和评估自己的工作结果。必要情况下学生可使用自己(在计划阶段自主开发)的工具。培养中经常使用事先设计好的检验表格，这样可以让学生依据工作订单的预先规定来检查他们的工作成果，并回答一个重要问题：即是否专业地完成了订单？工作任务的进程也会影响最终结果的质量。为了让学生明白这层关系，对中期成果进行检验是有好处的。

7)评价

学生将与教师一起对整个工作过程和结果进行评价。这次对话有利于教师开发与制定新的目标和任务，使教学工作再一次回到新的起点。

评价工作任务以对话形式进行。教师促使学生把自己的评价结果与客观的标准进行比较。

教师思考整个工作任务的完成过程，回答下面的问题，为下一步行动制定改进意见：下一次必须在什么地方做得更好？

运用引导文教学法，课前精心设计引导文比较重要，在课程实施中的精心组织也十分重要，需要随时收集反馈信息，进行调整，通过实践使之不断完善。

引导文教学法侧重学生资料的收集与使用能力、自学能力的培养。为配合学生的自主学习，避免不必要的教师干扰，要把过去教师的讲授和演示材料转化为音像制品，开发指导学生独立完成学习工作的引导资料，供学生自主学习参考。根据教师教学实践中积累的引导文资料(现场实操录像、课堂教学录像、教学课件、各种类型的机械工程手册、机械工程数据库、企业培养资料、实训指导书等素材)精心制作一套学习情境计划书和一套学生工作任务单。按照每个学习情境设置，学生小组借助各种引导文资料，通过自主制定计划、实施计划和检查评估等过程，辅以教师指导，完成学习工作任务单。并在整个过程中完成专业能力、社会能力和方法能力的锻炼。

11.2　引导文教学法教学案例一

案例名称：CA6140 车床电气线路常见故障分析与检修

1. 任务描述

(1)知识目标：了解机床电气设备故障的诊断步骤和诊断方法；掌握 CA6140 车床电气线路常见故障分析与检修方法。

(2)能力目标：训练综合表达能力(文字、口头)；提高分析与解决问题的能力；培养学生的维修电工职业岗位意识和团队协作意识。

(3)教学重点：车床电气线路常见故障分析。

(4)教学难点：车床电气线路常见故障检测。

2. 激发学生的学习积极性

通过引导文来激发学生学习的主动性和积极性。现设计引导文字、引导问题和引导图片如下。

1)引导文字

引导文字主要介绍教学任务的背景知识、操作技术规范以及注意事项等内容。

比如，CA6140 型卧式车床的主运动是主轴的旋转运动，通过主轴电动机 M1 由传动带传到主轴箱经主变速换向机构带动主轴旋转；进给运动是刀架的纵向和横向移动，由主轴电动机 M1 经过主轴箱输出轴传给进给箱，再通过光杠将运动传入溜板箱，从而带动刀架做纵、横两个方向的进给运动。刀架由快速电动机 M3 带动，还可作快速移动。

机床电气故障分为自然故障和人为故障。

2)引导问题

引导问题可采用问答题、判断题、选择题或填空题等形式设置。学生通过各种媒体查阅相关资料完成引导问题的解答，使学生了解机床电气设备故障诊断的基础知识，掌握机床电气设备故障诊断的步骤和方法，进而使学生能快速准确地完成 CA6140 车床电气线路的故障分析与检修过程。

① 什么是自然故障？什么是人为故障？

② 机床电气常见故障有哪些？

③ 常见故障中哪些是自然故障？哪些是人为故障？

④ 常见故障的排除措施有哪些？

⑤ 机床电气故障检修的一般步骤是什么？

⑥ 检修机床电气故障需要哪些常用的仪器、仪表和工具？

3) 引导图片

教师可以先提供 CA6140 车床的电气原理图或电气故障原理图(图 11-2)，或者让学生自己通过各种媒体找到 CA6140 车床的电气原理图。

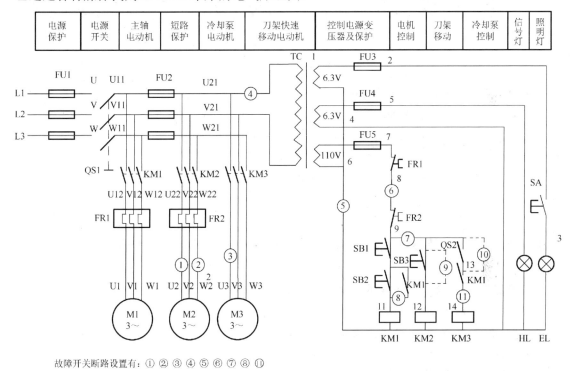

故障开关断路设置有：① ② ③ ④ ⑤ ⑥ ⑦ ⑧ ⑪
短路设置有：⑨ ⑩

图 11-2　CA6140 车床电气故障原理图

3. 咨询

学生为了解决引导问题，需要利用各种媒体进行咨询，如通过网络查找资料、通过图书馆检索资料、到市场上去调研、到工作现场去咨询技术人员等，如图 11-3 所示。总之，利用一切可能的手段解决上述的引导问题。

4. 计划

学生通过借助引导材料独立制定自己的工作计划。比如，解决机床电气故障需要的基本技术，需要的仪器、仪表和工具等，检修故障需采用的基本方法、时间安排、小组分工等。

5. 决策

在这个阶段可以采用教师和学生进行角色互换的方式，教师设置故障，学生扮演维修电工角色进行故障分析和排除。

(a)　　　　　　　　　　　　　　　　(b)

图 11-3　学生检索资料

故障现象 1: 主轴电动机不能停转

原因分析: 这类故障多数是接触器 KM1 的铁心面上的油污使铁心不能释放或 KM1 的主触点发生熔焊,或停止按钮 SB1 的常闭触点短路所造成的。应切断电源,清洁铁心极面的污垢或更换触点,即可排除故障。

故障现象 2: 主轴电动机的运转不能自锁

原因分析: 当按下按钮 SB2 时,电动机能运转,但放松按钮后电动机即停转,是接触器 KM1 的辅助常开触头接触不良或位置偏移、卡阻现象引起的故障。这时只要将接触器 KM1 的辅助常开触点进行修整或更换即可排除故障。辅助常开触点的连接导线松脱或断裂也会使电动机不能自锁。

故障现象 3: 刀架快速移动电动机不能运转

原因分析: 按电动按钮 SB3,接触器 KM3 未吸合,故障必然在控制线路中,这时可检查电动按钮 SB3、接触器 KM3 的线圈是否断路。

6. 实施

4~6 人一组,共分 3 组,组长分好工。根据实际电路仿真设计,所有故障都是模拟或类同机床实际工作时出现的故障,具有一定代表性。学生借助原理分析,全方位进行真实的机床电气故障分析与排除训练。

1) 故障调查

问: 机床发生故障后,首先应向操作者了解故障发生的前后情况,有利于根据电气设备的工作原理来分析发生故障的原因。一般询问的内容有: 故障发生在开车前、开车后,还是发生在运行中?是运行中自行停车,还是发现异常情况后由操作者停下来的;发生故障时,机床工作在什么工作顺序,按动了哪个按钮,扳动了哪个开关;故障发生前后,设备有无异常现象(如响声、气味、冒烟或冒火等);以前是否发生过类似的故障,是怎样处理的等。

看: 熔断器内熔丝是否熔断,其他电气元件有无烧坏、发热、断线,导线连接螺丝有否松动,电动机的转速是否正常。

听: 电动机、变压器和有些电气元件在运行时声音是否正常,可以帮助寻找故障的部位。

摸：电机、变压器和电气元件的线圈发生故障时，温度显著上升，可切断电源后用手去触摸。

2）电路分析

根据调查结果，参考该电气设备的电气原理图进行分析，初步判断出故障产生的部位，然后逐步缩小故障范围，直至找到故障点并加以消除。

分析故障时应有针对性，如接地故障一般先考虑电气柜外的电气装置，后考虑电气柜内的电气元件。断路和短路故障，应先考虑动作频繁的元件，后考虑其余元件。

原因分析：①先判断是主线路还是控制电路的故障：按起动按钮 SB2，接触器 KM1 若不动作，故障必定在控制电路；若接触器吸合，但主轴电动机不能起动，故障原因必定在主线路中。②主线路故障：可依次检查接触器 KM1 主触点及三相电动机的接线端子等是否接触良好。③控制电路故障：没有电压；控制线路中的熔断器 FU5 熔断；按钮 SB1、SB2 的触头接触不良；接触器线圈断线等。

3）断电检查

检查前先断开机床总电源，然后根据故障可能产生的部位，逐步找出故障点。检查时应先检查电源线进线处有无碰伤而引起的电源接地、短路等现象，螺旋式熔断器的熔断指示器是否跳出，热继电器是否动作。然后检查电气外部有无损坏，连接导线有无断路、松动，绝缘有否过热或烧焦。

4）通电检查

做断电检查仍未找到故障时，可对电气设备作通电检查。

在通电检查时要尽量使电动机和其所传动的机械部分脱开，将控制器和转换开关置于零位，行程开关还原到正常位置。然后万用表检查电源电压是否正常，有否缺相或严重不平衡。再进行通电检查，检查的顺序为：先检查控制电路，后检查主电路；先检查辅助系统，后检查主传动系统；先检查交流系统，后检查直流系统；合上开关，观察各电气元件是否按要求动作，有否冒火、冒烟、熔断器熔断的现象，直至查到发生故障的部位。

5）排除故障

(1) 说明注意事项和操作要领。

(2) 对照原理图，查找元器件实际位置。

(3) 正常操作各开关、按钮，并观察接触器、电动机的工作情况。

(4) 小组内成员互设故障，进行故障排除训练。

(5) 各小组互设故障，相互协作，共同完成排故工作。

(6) 教师抽查 1～2 个小组，设置故障，检查学习效果。

(7) 实训结束，断开电源，拆线，整理电气设备等。

7. 检查

这个阶段是穿插在实施过程中的，学生独立检查和评估自己的工作结果。

8. 评价

分三个层次进行评定，即教师、组内、组间，每个层面的评定内容有所不同。其评价方法如表 11-1 所示。制定评价内容及标准，建立能力的评定等级，项目成绩评定等，如表 11-2～表 11-6 所示。

表 11-1　评价方法

关键环节	教师扮演的角色	学生扮演的角色
自评	协助学生展示自己的学习效果,引导学生从多个角度加以评价	学生上台总结,表达
互评	教师对完成的项目进行总结与回顾,对完成较好组员的表现进行当堂认可,然后就主要问题进行集中解决。评定从两方面入手,即结果性评价和过程性评价	展示,欣赏,分享,相互评价
教师评价	评价内容:过程性评价主要考察学生的组员的学习能力、协作能力、工作态度;结果性评价主要考察学生是否达到了学习目标,如工具使用正确、布线合理、检测方法正确、操作顺序得当、达到预期效果。就训练中出现的主要问题进行分析,并提出解决方法	认真听取教师点评,并反思不足
提出新问题	诱导,拓展知识面	产生新的学习需求

　　本课程贯彻综合化考核原则,理论知识与实践技能考核相结合,单一能力与综合能力考核相结合,个别与群体考核相结合,全面考核学生的知识、能力和综合素质。以过程考核为主,考核涵盖项目全过程,主要从项目操作实施来进行考核。

　　由于实施了引导文教学法,为实施过程考核提供了条件。本课程采用过程考评(项目考评)与期末考评(卷面考评)相结合的方法,强调过程考评的重要性。过程考评占 70 分,期末考评占 30 分,取代了依靠一次期末考试来确定成绩的方式。

表 11-2　考核评价要求

考评方式	过程考评(项目考评)70%			期末考评(卷面考评)30%
	素质考评	工单考评	实操考评	
考评实施	由指导教师根据学生表现集中考评	由主讲教师根据学生完成的工单情况考评	由实训指导教师对学生进行项目操作考评	按照教考分离原则,由学校教务处组织考评
考评要求	严格遵循生产纪律和 5S 操作规范,主动协助小组其他成员共同完成工作任务,任务完成后清理场地等	认真撰写和完成任务工单,准确完整、字迹工整	积极回答问题、掌握工作规范和技巧,任务方案正确、工具使用正确、操作过程正确、任务完成良好	建议题型:单项选择题、多项选择题、判断题、问答题、论述题

注:造成设备损坏或人身伤害的本项目计 0 分。

　　每个学习项目的过程考核都有详细标准,下面是一个学习项目的考核标准。

表 11-3　考核方式与标准

项目编号	考核点及占项目分值比	建议考核方式	评价标准			成绩比例(%)
			优	良	及格	
项目(**)	1.根据引导文通过咨询识别元件、查找相关资料(10%)	教师评价+互评	能正确识别、筛选元器件,能快速查阅元件及 CA6140 车床控制线路资料	能正确识别、筛选元器件,能查阅元件及 CA6140 车床控制线路资料	能正确识别、筛选元器件,能查阅部分 CA6140 车床控制线路资料	10
	2.故障调查与分析(20%)	教师评价+互评	快速准确完成CA6140车床电气故障调查与分析	准确完成 CA6140车床电气故障调查与分析	能完成 CA6140 车床电气故障调查与分析	
	3.故障检查与排除(30%)	教师评价+自评	快速准确完成CA6140车床电气故障检查与排除	准确完成 CA6140车床电气故障检查与排除	能完成 CA6140 车床电气故障检查与排除	

续表

项目编号	考核点及占项目分值比	建议考核方式	评价标准			成绩比例(%)
			优	良	及格	
项目(**)	4. 工作单(15%)	教师评价	填写规范、内容完整，有详细过程记录和分析，并能提出一些新的建议	填写规范、内容完整，有详细过程记录和分析	填写规范、内容完整，有较详细过程记录	10
	5. 项目公共考核点(25%)		见表 11-4			

表 11-4　项目公共考核评价标准

项目公共考核点	建议考核方式	评价标准		
		优	良	及格
职业道德安全生产(30%)	教师评价+自评+互评	具有良好的职业操守：敬业、守时、认真、负责、吃苦、踏实。安全、文明工作；正确准备个人劳动保护用品；正确采用安全措施保护自己，保证工作安全	安全、文明工作，职业操守较好	没出现违纪违规现象
学习态度(20%)	教师评价	学习积极性高，虚心好学	学习积极性较高	没有厌学现象
团队协作精神(15%)	互评	具有良好的团队合作精神，热心帮助小组其他成员	具有良好的团队合作精神，能帮助小组其他成员	能配合小组完成任务
创新精神和能力(15%)	互评+教师评价	能创造性地学习和运用所学知识，在教师的指导下，能主动地、独立地学习，并取得创造性学习成就；能用专业语言正确流利地展示项目成果	在教师的指导下，能主动地、独立地学习，有创新精神；能用专业语言正确、较为流利地阐述项目	在教师的指导下，能主动地、独立地学习；能用专业语言基本正确地阐述项目
组织实施能力(20%)	互评+教师评价	能根据工作任务，对资源进行合理配合，同时正确控制、激励和协调小组活动过程	能根据工作任务，对资源进行合理配合，同时较正确控制、激励和协调小组活动过程	能根据工作任务，对资源进行分配，同时控制、激励和协调小组活动过程，无重大失误

表 11-5　能力的评定等级

等级	评价标准
4	C. 能高质、高效地完成此项技能的全部内容，并能指导他人完成 B. 能高质、高效地完成此项技能的全部内容，并能解决遇到的特殊问题 A. 能高质、高效地完成此项技能的全部内容
3	能高质、高效地完成此项技能的全部内容，并不需任何指导
2	能高质、高效地完成此项技能的全部内容，并偶尔需要帮助和指导
1	能高质、高效地完成此项技能的部分内容，但在现场的指导下，能完成此项技能的全部内容

表 11-6　项目成绩评定

教师评语及改进意见	学生对课业成绩的反馈意见

注：合格表示全部项目都能达到 3 级水平；良好表示 60%项目能达到 4 级水平；优秀表示 80%项目能达到 4 级水平。

11.3　引导文教学法教学案例二

案例名称：滚珠丝杠副的故障诊断与维修

1. 任务描述

(1)知识目标：了解滚珠丝杠副故障的常见现象；分析滚珠丝杠副产生故障的原因；掌握滚珠丝杠副排除故障的措施。

(2)能力目标：训练综合表达能力(文字、口头)；提高分析与解决问题的能力；培养学生的机械工程职业岗位意识和团队协作意识。

(3)教学重点：滚珠丝杠副常见故障分析。

(4)教学难点：滚珠丝杠副常见故障分析与排除。

2. 激发学生的学习积极性

通过引导文来激发学生学习的主动性和积极性。现设计引导文字和引导问题如下。

1)引导文字

滚珠丝杠副是将回转运动转化为直线运动，或将直线运动转化为回转运动的理想产品。

滚珠丝杠副由螺杆、螺母和滚珠组成。它的功能是将旋转运动转化成直线运动。由于具有很小的摩擦阻力，滚珠丝杠被广泛应用于各种工业设备和精密仪器。

滚珠丝杠是工具机和精密机械上最常使用的传动元件，其主要功能是将旋转运动转换成线性运动，或将扭矩转换成轴向反覆作用力，同时兼具高精度、可逆性和高效率的特点。

滚珠丝杠副的特点如下。

(1)与滑动丝杠副相比驱动力矩为 1/3。由于滚珠丝杠副的丝杠轴与丝母之间有很多滚珠在做滚动运动，所以能得到较高的运动效率。与过去的滑动丝杠副相比驱动力矩达到 1/3 以下，即达到同样运动结果所需的动力为使用滚动丝杠副的 1/3。在省电方面很有帮助。

(2)高精度的保证。滚珠丝杠副是用日本制造的世界最高水平的机械设备连贯生产出来的，特别是在研削、组装、检查各工序的工厂环境方面，对温度、湿度进行了严格的控制，由于完善的品质管理体制使精度得以充分保证。

(3)微进给可能。滚珠丝杠副由于是利用滚珠运动，所以启动力矩极小，不会出现滑动运动那样的爬行现象，能保证实现精确的微进给。

(4)无侧隙、刚性高。滚珠丝杠副可以加予压力，由于予压力可使轴向间隙达到负值，进而得到较高的刚性(滚珠丝杠内通过给滚珠加予压力，在实际用于机械装置等时，由于滚珠的斥力可使丝母部的刚性增强)。

(5)高速进给可能。滚珠丝杠由于运动效率高、发热小，所以可实现高速进给(运动)。

2)引导问题

(1)滚珠丝杠副的轴向间隙如何调整？

(2)怎样实现滚珠丝杠副的防护？

(3)怎样对滚珠丝杠副进行润滑？

(4)滚珠丝杠副常见的故障现象有哪些？一般的产生原因是什么？排除故障采用什么方法？

3. 咨询

学生为了解决引导问题，需要利用各种媒体进行咨询，如通过网络查找资料、通过图书馆检索资料、到市场上去调研、到工作现场去咨询技术人员等。总之，利用一切可能的手段解决上述的引导问题。

4. 计划

学生通过借助引导材料独立制定自己的工作计划。比如，排除滚珠丝杠副故障需要的基本技术，需要的仪器、仪表和工具等，检修故障需采用的基本方法、时间安排、小组分工等。

5. 决策

在这个阶段可以采用教师和学生进行角色互换的方式，教师设置故障，学生扮演维修工角色进行故障分析和排除，也可以采用头脑风暴法让学生分别说出故障产生的原因及排除办法。

故障现象 1：滚珠丝杠副噪声

原因分析：这类故障多数是丝杠支承的压盖压合情况不好，或丝杠支承轴承破损，或电动机与丝杠联轴器松动，或丝杠润滑不良，或滚珠丝杠副滚珠有破损等引起的。排除故障的方法分别是调整轴承压盖，使其压紧轴承端面，或更换新轴承，或拧紧联轴器锁紧螺钉，或改善润滑条件，或更换新滚珠等。

故障现象 2：滚珠丝杠运动不灵活

原因分析：这类故障多数是轴向预紧力太大，或丝杠与导轨不平行，或螺母轴线与导轨不平行，或丝杠弯曲变形等引起的。排除故障的方法分别是调整轴向间隙和预加载荷，或调整丝杠支座位置，或调整螺母位置，或校直丝杠等。

6. 实施

4～6 人一组，共分 3 组，组长分好工。根据滚珠丝杠副产生故障的现象，查阅相关的维修手册，初步判断故障类型，然后采取相应的措施排除故障。

滚珠丝杠副故障大部分是运动质量下降、反向间隙过大、机械爬行、润滑不良等造成的。表 11-7 是滚珠丝杠副常见故障及其诊断方法。

表 11-7　滚珠丝杠副常见故障及其诊断方法

序号	故障现象	故障原因	排除方法
1	加工件粗糙度值高	导轨的润滑油不足够，致使溜板爬行	加润滑油，排除润滑故障
		滚珠丝杠有局部拉毛或研损	更换或修理丝杠
		丝杠轴承损坏，运动不平稳	更换损坏轴承
		伺服电动机未调整好，增益过大	调整伺服电动机控制系统
2	反向误差大，加工精度不稳定	丝杠轴联轴器锥套松动	重新紧固并用百分表反复测试
		丝杠轴滑板配合压板过紧或过松	重新调整或修研，用 0.03mm 塞尺不入为合格
		丝杠轴滑板配合楔铁过紧或过松	重新调整或修研，使接触率达 70% 以上，用 0.03mm 塞尺不入为合格
		滚珠丝杠预紧力过紧或过松	调整预紧力，检查轴向窜动值，使其误差不大于 0.015mm
		滚珠丝杠螺母端面与结合面不垂直，结合过松	修理、调整或加垫处理
		丝杠支座轴承预紧力过紧或过松	修理调整
		滚珠丝杠制造误差大或轴向窜动	用控制系统自动补偿能消除间隙，用仪器测量并调整丝杠窜动
		润滑油不足或没有	调节至各导轨面均有润滑油
		其他机械干涉	排除干涉部位

序号	故障现象	故障原因	排除方法
3	滚珠丝杠在运转中转矩过大	滑板配合压板过紧或研损	重新调整或修研压板,使0.04mm塞尺不入为合格
		滚珠丝杠螺母反向器损坏,滚珠丝杠卡死或轴端螺母预紧力过大	修复或更换丝杠并精心调整
		丝杠研损	更换
		伺服电动机与滚珠丝杠连接不同轴	调整同轴度并紧固连接座
		无润滑油	调整润滑油路
		超程开关失灵造成机械故障	检查故障并排除
		伺服电动机过热报警	检查故障并排除
4	丝杠螺母润滑不良	分油器是否分油	检查定量分油器
		油管是否堵塞	清除污物使油管畅通
5	滚珠丝杠副噪声	滚珠丝杠轴承压盖压合不良	调整压盖,使其压紧轴承
		滚珠丝杠润滑不良	检查分油器和油路,使润滑油充足
		滚珠产生破损	更换滚珠
		电动机与丝杠联轴器松动	拧紧联轴器锁紧螺钉

7. 检查

这个阶段是穿插在实施过程中的,学生独立检查和评估自己的工作结果。

8. 评价

分三个层次进行评定,即教师、组内、组间,每个层面的评定内容有所不同。其评价方法如表11-8所示。制定评价内容及标准,建立能力的评定等级、项目成绩评定等,如表11-9~表11-13所示。

表11-8 评价方法

关键环节	教师扮演的角色	学生扮演的角色
自评	协助学生展示自己的学习效果,引导学生从多个角度加以评价	学生上台总结,表达
互评	教师对完成的项目进行总结与回顾,对完成较好组员的表现进行当堂认可,然后就主要问题进行集中解决。评定从两方面入手,即结果性评价和过程性评价	展示,欣赏,分享,相互评价
教师评价	评价内容:过程性评价主要是考察学生组员的学习能力、协作能力、工作态度;结果性评价主要是考察学生是否达到了学习目标,如工具使用正确、布线合理、检测方法正确、操作顺序得当、达到预期效果。就训练中出现的主要问题进行分析,并提出解决方法	认真听取教师点评,并反思不足
提出新问题	诱导,拓展知识面	产生新的学习需求

本课程贯彻综合化考核原则,理论知识与实践技能考核相结合,单一能力与综合能力考核相结合,个别与群体考核相结合,全面考核学生的知识、能力和综合素质。以过程考核为主,考核涵盖项目全过程,主要从项目操作实施来进行考核。

由于实施了引导文教学法,为实施过程考核提供了条件。本课程采用过程考评(项目考评)与期末考评(卷面考评)相结合的方法,强调过程考评的重要性。过程考评占70分,期末考评占30分,取代了依靠一次期末考试来确定成绩的方式。

表 11-9　考核评价要求

考评方式	过程考评(项目考评)70%			期末考评(卷面考评)30%
	素质考评	工单考评	实操考评	
考评实施	由指导教师根据学生表现集中考评	由主讲教师根据学生完成的工单情况考评	由实训指导教师对学生进行项目操作考评	按照教考分离原则，由学校教务处组织考评
考评要求	严格遵循生产纪律和 5S 操作规范，主动协助小组其他成员共同完成工作任务，任务完成后清理场地等	认真撰写和完成任务工单，准确完整、字迹工整	积极回答问题、掌握工作规范和技巧，任务方案正确、工具使用正确、操作过程正确、任务完成良好	建议题型：单项选择题、多项选择题、判断题、问答题、论述题

注：造成设备损坏或人身伤害的本项目计 0 分。

　　每个学习项目的过程考核都有详细标准，下面是一个学习项目的考核标准。

表 11-10　考核方式与标准

项目编号	考核点及占项目分值比	建议考核方式	评价标准			成绩比例(%)
			优	良	及格	
项目(**)	1. 根据引导文通过咨询识别滚珠丝杠故障、查找相关资料(10%)	教师评价+互评	根据引导文通过咨询能快速、准确识别滚珠丝杠故障、查找相关资料	根据引导文通过咨询能准确识别滚珠丝杠故障、查找相关资料	根据引导文通过咨询能识别滚珠丝杠故障、查找相关资料	10
	2. 分析故障现象、找出故障原因(20%)	教师评价+互评	能快速、准确分析出滚珠丝杠的故障现象及产生的原因	能准确分析出滚珠丝杠的故障现象及产生的原因	能分析出滚珠丝杠的故障现象及产生的原因	
	3. 排除故障(30%)	教师评价+自评	通过仪器、仪表和工具能快速正确排除滚珠丝杠故障	通过仪器、仪表和工具能正确排除滚珠丝杠故障	通过仪器、仪表和工具能排除滚珠丝杠故障	
	4. 工作单(15%)	教师评价	填写规范、内容完整，有详细过程记录和分析，并能提出一些新的建议	填写规范、内容完整，有详细过程记录和分析	填写规范、内容完整，有较详细过程记录	
	5. 项目公共考核点(25%)		见表 11-11			

表 11-11　项目公共考核评价标准

项目公共考核点	建议考核方式	评价标准		
		优	良	及格
职业道德安全生产(30%)	教师评价+自评+互评	具有良好的职业操守：敬业、守时、认真、负责、吃苦、踏实。安全、文明工作：正确准备个人劳动保护用品；正确采用安全措施保护自己，保证工作安全	安全、文明工作，职业操守较好	没出现违纪违规现象
学习态度(20%)	教师评价	学习积极性高，虚心好学	学习积极性较高	没有厌学现象
团队协作精神(15%)	互评	具有良好的团队合作精神，热心帮助小组其他成员	具有良好的团队合作精神，能帮助小组其他成员	能配合小组完成任务

续表

项目公共考核点	建议考核方式	评价标准		
		优	良	及格
创新精神和能力（15%）	互评+教师评价	能创造性地学习和运用所学知识，在教师的指导下，能主动地、独立地学习，并取得创造性学习成就；能用专业语言正确流利地展示项目成果	在教师的指导下，能主动地、独立地学习，有创新精神；能用专业语言正确、较为流利地阐述项目	在教师的指导下，能主动地、独立地学习；能用专业语言基本正确地阐述项目
组织实施能力（20%）	互评+教师评价	能根据工作任务，对资源进行合理配合，同时正确控制、激励和协调小组活动过程	能根据工作任务，对资源进行合理配合，同时较正确控制、激励和协调小组活动过程	能根据工作任务，对资源进行分配，同时控制、激励和协调小组活动过程，无重大失误

表 11-12　能力的评定等级

等级	评价标准
4	C. 能高质、高效地完成此项技能的全部内容，并能指导他人完成
	B. 能高质、高效地完成此项技能的全部内容，并能解决遇到的特殊问题
	A. 能高质、高效地完成此项技能的全部内容
3	能高质、高效地完成此项技能的全部内容，并不需任何指导
2	能高质、高效地完成此项技能的全部内容，并偶尔需要帮助和指导
1	能高质、高效地完成此项技能的部分内容，但在现场的指导下，能完成此项技能的全部内容

表 11-13　项目成绩评定

教师评语及改进意见	学生对课业成绩的反馈意见

注：合格表示全部项目都能达到 3 级水平；良好表示 60% 项目能达到 4 级水平；优秀表示 80% 项目能达到 4 级水平。

思 考 题

1. 如何利用引导文教学法提高学生的学习兴趣？
2. 引导文教学法在应用上应把握哪几个要点？
3. 教师在引导文教学法中应扮演什么角色？
4. 项目实施过程中教师应如何进行引导？
5. 结合实际教学设计一个引导文教学法案例。

参 考 文 献

曹根基，2005．通用机械设备．北京：机械工业出版社．

陈永芳，2007．职业技术教育专业教学论．北京：清华大学出版社．

邓泽民，王宽，2006．现代四大职教模式．北京：中国铁道出版社．

邓泽民，赵沛，2006．职业教育教学设计．北京：中国铁道出版社．

高芳，2009．行动导向教学法初探．长春教育学院学报，（2）：56-58．

高志坚，2002．设备管理．北京：机械工业出版社．

巩宁平，曹敏，2006．基于行动导向教学范式下网络课程的架构与思考．教育信息化，（17）：66-67．

胡光辉，仇雅莉，2008．高职课程行动导向教学的探索与实践．教育与职业，（23）：66-67．

姜大源，2004．职业教育专业教学论初探．教育研究，5：49-53．

姜大源，2007．当代德国职业教育主流教育思想研究：理论、实践与创新．北京：清华大学出版社．

姜大源，2008．职业教育研究新论．北京：教育科学出版社．

姜秀华，2014．机械设备修理工艺．北京：机械工业出版社．

教育部职业教育与成人教育司，教育部职业技术教育中心研究所，2001．中等职业学校机械工程教学指导方
　　案．北京：高等教育出版社．

马光全，2008．机电设备装配安装与维修．北京：北京大学出版社．

欧盟 Asia-Link 项目"关于课程开发的课程设计"课题组，2007．学习领域课程开发手册．北京：高等教育出
　　版社．

皮连生，2000．教学设计：心理学理论与技术．北京：高等教育出版社．

石伟平，徐国庆，2006．职业教育课程开发技术．上海：上海教育出版社．

肖胜阳，2013．在计算机课程教学中开展项目教学法的研究．电化教育研究，（10）：72-76．

徐朔，2007．论"行动导向教学"的内涵和原则．职教论坛，10：4-7．

徐卫，2014．机电设备应用技术．武汉：华中科技大学出版社．

晏初宏，2013．设备电气控制与维修．北京：机械工业出版社．

杨延，2008．工学结合培养模式下教学改革的理论研究与实践探索．天津职业院校联合学报，（5）：48-52．

叶昌元，李怀康，2007．职业活动导向教学与实践．杭州：浙江科学技术出版社．

易际培，2008．工学结合模式下的职业道德教育新探．中国成人教育，（16）：100-101．

袁江，2005a．关于行动导向的教学观．中国职业技术教育，（10）：1．

袁江，2005b．关于行动导向的教学观．中国职业技术教育，4：1-2．

张忠旭，2008．机械设备安装工艺．北京：机械工业出版社．

赵志群，2003．职业教育与培养学习新概念．北京：科学出版社．

郑金洲，2006．教学方法应用指导．上海：华东师范大学出版社．

庄西真，2002．关于开展以培养中、高职师资为目标的硕士研究生教育的调查与思考．河南职业技术师范学
　　院学报（职业教育版），（5）：76-79．